模具创新设计与制造综合训练

盛光英　林春梅　赵福辉　主　编
车得轨　隋信举　丁丽娟　副主编

電子工業出版社
Publishing House of Electronics Industry
北京·BEIJING

内 容 简 介

《模具创新设计与制造综合训练》是面向机械类专业的模具课程实训教材。本书内容简洁，实用，紧扣生产实际，符合应用型人才培养目标的需要。

全书共 5 章，介绍了模具综合训练概述、冷冲压基础知识、冲裁工艺与冲裁模的设计、冷冲压模具综合训练参考题目及结构图和模具拆装实训五个主要内容，采用的设计实例具有较强的指导意义。附录为冷冲压基础资料，包括黑色金属材料的力学性能、有色金属材料的力学性能、非金属材料的抗剪强度、轧制薄钢板的尺寸等，以方便查询。

本书可作为培养应用型、技能型人才的机械类各专业模具课程实验、实训教学用书，也可供有关的工程技术人员参考。

图书在版编目（CIP）数据

模具创新设计与制造综合训练 / 盛光英，林春梅，赵福辉主编. —北京：电子工业出版社，2016.12

ISBN 978-7-121-30871-0

Ⅰ. ①模… Ⅱ. ①盛… ②林… ③赵… Ⅲ. ①模具—设计—高等学校—教材 ②模具—制造—高等学校—教材 Ⅳ. ①TG76

中国版本图书馆 CIP 数据核字（2017）第 020208 号

策划编辑：朱怀永
责任编辑：朱怀永
文字编辑：李 静
印　　刷：北京季蜂印刷有限公司
装　　订：北京季蜂印刷有限公司
出版发行：电子工业出版社
　　　　　北京市海淀区万寿路 173 信箱　邮编 100036
开　　本：787×1092　1/16　　印张：8.75　　字数：224 千字
版　　次：2016 年 12 月第 1 版
印　　次：2016 年 12 月第 1 次印刷
定　　价：24.80 元

序——加快应用型本科教材建设的思考

一、应用型高校转型呼唤应用型教材建设

教学与生产脱节，很多教材内容严重滞后现实，所学难以致用。这是我们在进行毕业生跟踪调查时经常听到的对高校教学现状提出的批评意见。由于这种脱节和滞后，造成很多毕业生及其就业单位不得不花费大量时间"补课"，既给刚踏上社会的学生无端增加了很大压力，又给就业单位白白增添了额外培训成本。难怪学生抱怨"专业不对口，学非所用"，企业讥讽"学生质量低，人才难寻"。

2010 年，我国《国家中长期教育改革和发展规划纲要（2010—2020 年）》指出：要加大教学投入，重点扩大应用型、复合型、技能型人才培养规模。2014 年，《国务院关于加快发展现代职业教育的决定》进一步指出：要引导一批普通本科高等学校向应用技术类型高等学校转型，重点举办本科职业教育，培养应用型、技术技能型人才。这表明国家已发现并着手解决高等教育供应侧结构不对称问题。

转型一批到底是多少？据国家教育部披露，计划将 600 多所地方本科高校向应用技术、职业教育类型转变。这意味着未来几年我国将有 50%以上的本科高校（2014 年全国本科高校 1202 所）面临应用型转型，更多地承担应用型人才，特别是生产、管理、服务一线急需的应用技术型人才的培养任务。应用型人才培养作为高等教育人才培养体系的重要组成部分，已经被提上我国党和国家重要的议事日程。

军马未动、粮草先行。应用型高校转型要求加快应用型教材建设。教材是引导学生从未知进入已知的一条便捷途径。一部好的教材是既是取得良好教学效果的关键因素，又是优质教育资源的重要组成部分。它在很大程度上决定着学生在某一领域发展起点的远近。在高等教育逐步从"精英"走向"大众"直至"普及"的过程中，加快教材建设，使之与人才培养目标、模式相适应，与市场需求和时代发展相适应，已成为广大应用型高校面临并亟待解决的新问题。

烟台南山学院作为大型民营企业南山集团投资兴办的民办高校，与生俱来就是一所应用型高校。2005 年升本以来，其依托大企业集团，坚定不移地实施学校地方性、应用型的办学定位。坚持立足胶东，着眼山东，面向全国；坚持以工为主，工管经文艺协调发展；坚持产教融合、校企合作，培养高素质应用型人才。初步形成了自己校企一体、实践育人的应用型办学特色。为加快应用型教材建设，提高应用型人才培养质量，今年学校推出的包括"应用型本科系列教材"在内的"百部学术著作建设工程"，可以视为南山学院升本

10 年来教学改革经验的初步总结和科研成果的集中展示。

二、应用型本科教材研编原则

编写一本好教材比一般人想象的要难得多。它既要考虑知识体系的完整性，又要考虑知识体系如何编排和建构；既要有利于学生学，又要有利于教师教。教材编得好不好，首先取决于作者对教学对象、课程内容和教学过程是否有深刻的体验和理解，以及能否采用适合学生认知模式的教材表现方式。

应用型本科作为一种本科层次的人才培养类型，目前使用的教材大致有两种情况：一是借用传统本科教材。实践证明，这种借用很不适宜。因为传统本科教材内容相对较多，理论阐述繁杂，教材既深且厚。更突出的是其忽视实践应用，很多内容理论与实践脱节。这对于没有实践经验，以培养动手能力、实践能力、应用能力为重要目标的应用型本科生来说，无异于"张冠李戴"，严重背离了教学目标，降低了教学质量。二是延用高职教材。高职与应用型本科的人才培养方式接近，但毕竟人才培养层次不同，它们在专业培养目标、课程设置、学时安排、教学方式等方面均存在很大差别。高职教材虽然也注重理论的实践应用，但"小才难以大用"，用低层次的高职教材支撑高层次的本科人才培养，实属"力不从心"，尽管它可能十分优秀。换句话说，应用型本科教材贵在"应用"二字。它既不能是传统本科教材加贴一个应用标签，也不能是高职教材的理论强化，其应有相对独立的知识体系和技术技能体系。

基于这种认识，我以为研编应用型本科教材应遵循三个原则：一是实用性原则。即教材内容应与社会实际需求相一致，理论适度、内容实用。通过教材，学生能够了解相关产业企业当前的主流生产技术、设备、工艺流程及科学管理状况，掌握企业生产经营活动中与本学科专业相关的基本知识和专业知识、基本技能和专业技能。以最大限度地缩短毕业生知识、能力与产业企业现实需要之间的差距。烟台南山学院研编的《应用型本科专业技能标准》就是根据企业对本科毕业生专业岗位的技能要求研究编制的基本文件，它为应用型本科有关专业进行课程体系设计和应用型教材建设提供了一个参考依据。二是动态性原则。当今社会科技发展迅猛，新产品、新设备、新技术、新工艺层出不穷。所谓动态性，就是要求应用型教材应与时俱进，反映时代要求，具有时代特征。在内容上应尽可能将那些经过实践检验成熟或比较成熟的技术、装备等人类发明创新成果编入教材，实现教材与生产的有效对接。这是克服传统教材严重滞后生产、理论与实践脱节、学不致用等教育教学弊端的重要举措，尽管某些基础知识、理念或技术工艺短期内并不发生突变。三是个性化原则。即教材应尽可能适应不同学生的个体需求，至少能够满足不同群体学生的学习需要。不同的学生或学生群体之间存在的学习差异，显著地表现在对不同知识理解和技能掌握并熟练运用的快慢及深浅程度上。根据个性化原则，可以考虑在教材内容及其结构编排上既有所有学生都要求掌握的基本理论、方法、技能等"普适性"内容，又有满足不同的学生或学生群体不同学习要求的"区别性"内容。本人以为，以上原则是研编应用型本科教材的特征使然，如果能够长期得到坚持，则有望逐渐形成区别于研究型人才培养的应用型教材体系特色。

三、应用型本科教材研编路径

1．明确教材使用对象

任何教材都有自己特定的服务对象。应用型本科教材不可能满足各类不同高校的教学需求，其主要是为我国新建的包括民办高校在内的本科院校及应用技术型专业服务的。这是因为：近 10 多年来我国新建了 600 多所本科院校（其中民办本科院校 420 所，2014 年）。这些本科院校大多以地方经济社会发展为其服务定位，以应用技术型人才为其培养模式定位。它们的学生毕业后大部分选择企业单位就业。基于社会分工及企业性质，这些单位对毕业生的实践应用、技能操作等能力的要求普遍较高，而不刻意苛求毕业生的理论研究能力。因此，作为人才培养的必备条件，高质量应用型本科教材已经成为新建本科院校及应用技术类专业培养合格人才的迫切需要。

2．加强教材作者选择

突出理论联系实际，特别注重实践应用是应用型本科教材的基本质量特征。为确保教材质量，严格选择教材研编人员十分重要。其基本要求：一是作者应具有比较丰富的社会阅历和企业实际工作经历或实践经验。这是研编人员的阅历要求。不能指望一个不了解社会、没有或缺乏行业企业生产经营实践体验的人，能够写出紧密结合企业实际、实践应用性很强的篇章；二是主编和副主编应选择长期活跃于教学一线、对应用型人才培养模式有深入研究并能将其运用于教学实践的教授、副教授等专业技术人员担纲。这是研编团队的领导人要求。主编是教材研编团队的灵魂。选择主编应特别注意理论与实践结合能力的大小，以及"研究型"和"应用型"学者的区别；三是作者应有强烈的应用型人才培养模式改革的认可度，以及应用型教材编写的责任感和积极性。这是写作态度的要求。实践中一些选题很好却质量平庸甚至低下的教材，很多是由于写作态度不佳造成的；四是在满足以上三个条件的基础上，作者应有较高的学术水平和教材编写经验。这是学术水平的要求。显然，学术水平高、教材编写经验丰富的研编团队，不仅可以保障教材质量，而且对教材出版后的市场推广将产生有利的影响。

3．强化教材内容设计

应用型教材服务于应用型人才培养模式的改革。应以改革精神和务实态度，认真研究课程要求、科学设计教材内容，合理编排教材结构。其要点包括：

（1）缩减理论篇幅，明晰知识结构。编写应用型教材应摒弃传统研究型人才培养思维模式下重理论、轻实践的做法，确实克服理论篇幅越来越多、教材越编越厚、应用越来越少的弊端。一是基本理论应坚持以必要、够用、适用为度。在满足本学科知识连贯性和专业课需要的前提下，精简推导过程，删除过时内容，缩减理论篇幅；二是知识体系及其应用结构应清晰明了、符合逻辑，立足于为学生提供"是什么"和"怎么做"；三是文字简洁，不拖泥带水，内容编排留有余地，为学生自我学习和实践教学留出必要的空间。

（2）坚持能力本位，突出技能应用。应用型教材是强调实践的教材，没有"实践"、不能让学生"动起来"的教材很难产生良好的教学效果。因此，教材既要关注并反映职业技术现状，以行业企业岗位或岗位群需要的技术和能力为逻辑体系，又要适应未来一定期间内技术推广和职业发展要求。在方式上应坚持能力本位、突出技能应用、突出就业导向；在内容上应关注不同产业的前沿技术、重要技术标准及其相关的学科专业知识，把技术技能标准、方法程序等实践应用作为重要内容纳入教材体系，贯穿于课程教学过程的始终，从而推动教材改革，在结构上形成区别于理论与实践分离的传统教材模式，培养学生从事与所学专业紧密相关的技术开发、管理、服务等必须的意识和能力。

（3）精心选编案例，推进案例教学。什么是案例？案例是真实典型且含有问题的事件。这个表述的涵义：第一，案例是事件。案例是对教学过程中一个实际情境的故事描述，讲述的是这个教学故事产生、发展的历程；第二，案例是含有问题的事件。事件只是案例的基本素材，但并非所有的事件都可以成为案例。能够成为教学案例的事件，必须包含有问题或疑难情境，并且可能包含有解决问题的方法。第三，案例是典型且真实的事件。案例必须具有典型意义、能给读者带来一定的启示和体会。案例是故事但又不完全是故事。其主要区别在于故事可以杜撰，而案例不能杜撰或抄袭。案例是教学事件的真实再现。

案例之所以成为应用型教材的重要组成部分，是因为基于案例的教学是向学生进行有针对性的说服、思考、教育的有效方法。研编应用型教材，作者应根据课程性质、课程内容和课程要求，精心选择并按一定书写格式或标准样式编写案例，特别要重视选择那些贴近学生生活、便于学生调研的案例。然后根据教学进程和学生理解能力，研究在哪些章节，以多大篇幅安排和使用案例。为案例教学更好地适应案例情景提供更多的方便。

最后需要说明的是，应用型本科作为一种新的人才培养类型，其出现时间不长，对它进行系统研究尚需时日。相应的教材建设是一项复杂的工程。事实上从教材申报到编写、试用、评价、修订，再到出版发行，至少需要 3～5 年甚至更长的时间。因此，时至今日完全意义上的应用型本科教材并不多。烟台南山学院在开展学术年活动期间，组织研编出版的这套应用型本科系列教材，既是本校近 10 年来推进实践育人教学成果的总结和展示，更是对应用型教材建设的一个积极尝试，其中肯定存在很多问题，我们期待在取得试用意见的基础上进一步改进和完善。

2016 年国庆前夕于龙口

前　言

本综合实训介绍了冲压模具的基础知识、冲裁工艺和冲裁模设计以及典型冲孔落料复合模具拆装实训。

前两章介绍综合训练概述和冷冲压基础知识，阐述了综合训练的目的、内容、工艺性和工艺方案、模具设计、实验必须掌握的理论基础知识，为后续训练打下理论基础。模具拆装是机械类专业的学生在学习模具结构设计时，在教师的指导下，对生产中使用的冲压模具进行拆卸和重新组装的实践教学环节。通过对冲压模具的设计和拆装实训，使学生进一步了解各种类型模具的典型结构及工作原理，了解模具零部件在模具中的作用、零部件相互间的装配关系，掌握模具的拆装方法和相关装配工具的使用。

通过冲裁工艺、冲裁模设计和复合模具拆装实训加深学生对模具设计与制造基础知识的理解，使学生全面了解与掌握模具的组成、结构、工作原理及其设计、制造的方法与步骤等，提高学生对所学过的零件设计、机械制图、机械制造工艺、公差与测量技术等知识与技能的综合掌握与应用能力，熟练掌握 Pro/E 软件进行模具零件的三维建模、组件装配和工程图创建的步骤和方法，提高模具的设计质量和效率，同时培养学生严谨的实践态度和分析解决问题的能力。

本书编者曾在企业长期从事模具设计工作，又多年从事模具设计与制造课程的教学，具有较丰富的理论与实践经验。本教材本着内容实用、突出技能培养的原则编写，具有精炼、可操作性强的特点。

本书由烟台南山学院盛光英、林春梅、赵福辉主编。全书共 5 章，主要供应用型本科院校和高职高专院校机械类学生进行模具设计与制造课程实训教学时使用。

由于编者水平有限，书中疏漏之处在所难免，恳请使用本书的读者批评指正，并欢迎向编者提出其他意见和建议，以便修订时改进。

编　者

2016 年 11 月

前 言

目　录

第 1 章　综合训练概述

1.1　模具设计与制造综合训练的目的

1. 模具设计与制造课程综合训练概述

"模具设计与制造"是模具设计与制造专业的一门核心专业课程。通过该课程的学习，可培养学生具备一定的模具设计能力和实际的动手能力。

模具设计与制造综合训练是模具设计与制造专业必修的教学实践环节，一般安排在"模具设计与制造"理论教学课程和课程设计之后进行。

2. 模具设计与制造课程综合训练目的

模具设计与制造综合训练是学生在学完基础理论课、专业基础课和专业课，在参加生产实习之后，所设置的一个重要的实践性教学环节，是运用所学基础知识和专业知识的一次全面性、综合性的设计练习。其目的有如下几点：

（1）树立正确的设计思想。在设计中理论联系实际，从实际出发解决设计问题。力求设计合理、实用、经济，工艺性好。

（2）进行一次创新能力综合训练。通过综合训练，让学生巩固和综合运用所学"冷冲压工艺与模具设计"、"模具制造工艺"等有关课程的基础理论知识和专业知识，培养学生从事冷冲压模具设计与制造的初步能力，为后续学习和以后的实际工作打下良好的基础。

（3）培养学生分析问题和解决问题的能力。经过实训环节，培养学生全面理解和掌握冲压工艺、模具设计、模具制造等知识内容；掌握冲压工艺与模具设计的基本方法和步骤、模具零件的常用加工方法及工艺规程编制、模具装配工艺制定；独立解决在制定冲压工艺规程、设计冲压模具结构、编制模具零件加工工艺规程中出现的问题；完成在模具设计与制造方面所必须具备的基本能力的训练，培养基本的创新能力素养。

（4）训练学生学会查阅相关手册、图册、技术文献和技术资料。

（5）培养学生认真负责、踏实细致的工作作风和严谨的科学态度。通过模具设计与制造课程综合训练，培养学生严谨的科学态度，强化质量意识、成本概念和时间观念，初步养成良好的职业习惯。

1.2　模具设计与制造综合训练的内容

1.2.1　训练题目

模具设计与制造综合训练是承接课程设计后的一项内容，具体内容有两大部分构成，包括综合训练的前期阶段和后期阶段，后期阶段即毕业设计阶段，承接课程是"冲压模具的课程设计"。

1. 综合训练前期

综合训练前期是完成难度比课程设计难度大的一些设计项目，时间一般为 1 周。冷冲压模具课程设计一般以设计较为简单、具有典型结构的中小型模具为主，综合训练要求学生独立完成中等难度的模具设计全过程，最后完成装配图一张、工作零件图 2～3 张，编制简单设计计算说明书一份。

2. 综合训练的毕业设计阶段

综合训练的毕业设计题目的选择与确定应遵循下列原则。

（1）课题必须符合本专业的培养目标及教学基本要求，体现本专业基本训练内容，使学生得到比较全面的锻炼。

（2）课题尽可能结合生产、科研和实验室的建设任务。

（3）课题的类型可以多种多样，应贯彻因材施教的原则，使学生的创造性、创新性得以充分发挥。

（4）课题应力求有益于学生综合运用多学科的理论知识和技能，利于培养学生的独立思考能力和协调创新能力。

（5）课题要考虑可完成性。课题的可完成性是指在保证教学基本要求的前提下，学生的毕业设计在规定的时间内，在指导老师的指导下能够完成。

模具设计与制造综合训练是在学生学完包括"冷冲压工艺与模具设计"、"模具制造工艺"等全部相关专业课程后进行。模具设计与制造综合训练以设计中等复杂程度以上的大中型模具为主，要求每个学生独立完成冲压制件工艺设计、冲压模具结构设计与计算、典型零件结构设计与制造工艺规程制定、模具装配工艺制定等多项工作，并完成 1～2 套不同类型的模具总装配图、部件装配图，设计配套非标零件图和编制设计计算说明书一份。

模具设计与制造综合训练完成后要进行毕业答辩。

1.2.2　设计内容

冲压件的生产过程一般都是从原材料剪切下料开始，经过多种冲压工序和其他必要的辅助工序，加工出图样所要求的零件，对于某些组合冲压或精度要求较高的冲压件，还需要经过整平、切削、焊接或铆接等工序才能完成。

进行冲压模具设计就是根据已有的生产条件，综合考虑多方面因素，合理安排零件的生产工序，优化确定各工艺参数的数值和变化范围，合理设计模具结构，正确选择模具加工方法，恰当选用冲压设备等，使冷冲压零件的整体生产顺利，达到优质、高效、低耗和安全的目的。

冷冲压模具的综合训练与课程设计内容大致相当，但广度和深度不同。相对而言，综合训练内容更广泛，设计要求更高，是一个全新的创新设计过程。

1．接受设计任务书

冷冲压成形制件的任务书一般由制件设计者提出，其内容如下。

（1）经过审签的正规制件图样。注明要采用的板料牌号、技术要求等。

（2）制件说明书。

（3）生产产量。

（4）制件样品。

通常，模具设计任务书由工艺员根据冷冲压成形制件的任务书提出，模具设计员以冷冲压成形制件任务书、模具设计任务书为依据进行模具设计。在学校，模具设计任务书可由 3 位指导老师提供。

2．分析冲压零件的工艺性

根据设计任务书题目的要求，分析冲压零件成形的结构工艺性，分析冲压件的形状特点、尺寸大小、精度要求及所用材料是否符合冲压工艺要求。如果发现冲压零件工艺性差，则需要对冲压零件产品提出修改意见，但要经产品设计员同意。

3．制订冲压零件的工艺方案

在分析冲压零件的工艺性后，通常应列出几种不同的冲压工艺方案，从产品质量、生产率、设备占用情况、模具制造的难易程度和模具寿命长短、工艺成本、操作方便和安全程度等方面，进行综合分析、比较，然后确定适合于具体生产条件的最经济合理的工艺方案。

4．确定毛坯形状、尺寸和下料方式

在最经济的原则下，确定毛坯的形状、尺寸和下料方式，并确定材料的消耗量。

5．确定冲压模类型及结构形式

根据确定的工艺方案和冲压零件的形状特点、精度要求、生产批量、模具制造条件、操作方便及安全要求等选定冲模类型及结构形式，绘制模具结构草图。

6．进行必要的工艺计算

（1）计算毛坯尺寸，以便在最经济的原则下合理使用材料。

（2）进行排样设计计算并画出排样图。

（3）计算冲压力（包括冲裁力、弯曲力、拉深力、卸料力、推件力、顶件力和压边力等），以便选择压力机。

（4）计算模具压力中心，防止模具因受偏心载荷作用而影响模具精度和寿命。

（5）确定凹、凸模的间隙，计算凹、凸模刃口尺寸和各工作部分尺寸。

（6）计算或估算模具各主要零件（凹模固定板、凸模固定板、垫板、模架等）的外形尺寸，以及卸料橡胶或弹簧的自由高度等。

（7）对于拉深模，需要计算是否采用压边圈，计算拉深次数、半成品的尺寸和各中间工序模具的尺寸分配等。

（8）其他零件的结构尺寸计算。

7．选择压力机

压力机的选择是冲模设计的一项重要内容，设计冲模时，学生可根据"冲压与塑压成形设备"中的知识内容把所选压力机的类型、型号、规格确定下来。

压力机型号的确定主要取决于冲压工艺的要求和冲模结构情况。选用曲柄压力机时，必须满足以下要求。

（1）压力机的公称压力 F_g 必须大于冲压计算的总压力 F_z，即 $F_g > F_z$。

（2）压力机的装模高度必须符合模具闭合高度的要求，即

$$H_{max}-5 \geqslant H \geqslant H_{min}+10$$

式中，H_{max}、H_{min} 分别为压力机的最大、最小装模高度（mm）；H 为模具闭合高度（mm）。

当多副模具联合安装到一台压力机上时，多副模具应具有同一个闭合高度。

（3）压力机的滑块行程必须满足冲压件的成形要求。

（4）为了便于安装模具，压力机的工作台面尺寸应大于模具尺寸，一般每边为 50～70mm。工作台面上的孔应保证冲压零件或废料能漏下。

8．设计绘制模具总装配图和模具零件图

根据上述分析、计算及方案确定后，再设计绘制模具总装配图及模具零件图。

9．编写设计计算说明书

计算说明书页数应根据实际设计要求和需要而确定，内容与要求参见第1.8.1小节。

10．设计总结及答辩

按照院、系要求进行设计总结及设计答辩。

1.3　冷冲压模具课程设计与毕业设计步骤

1.3.1　设计前应准备的资料

资料收集是综合实训的第一步。冷冲压模具设计需收集的资料如下。

1．冲压件的产品零件图及生产纲领

设计前应有冲压制件产品图。冲压制件的产品图（又称冲件图或制件图）上标有零件的尺寸及其公差、形状及其公差、精度、材料牌号及技术要求等。

生产纲领即指产品零件的生产批量（每年生产多少万件）。产品图和生产纲领是冲模设计最主要的依据，设计出来的模具最终必须保证生产出合格的产品零件，并能满足批量生

产要求，模具设计尽量满足模具使用寿命最大化要求。

2．产品工艺文件

产品工艺文件中主要文件是草拟的冲压工艺卡。冲压零件通常是由若干道冲压工序按一定的顺序逐次冲压成形的。因此，冲模设计前，首先要进行冲压工艺分析与草拟，确定工序次数、工序的组合、工序的顺序及工序简图等，并把这些内容编写成冲压工艺规程卡（草拟）。冲压工序数和工序的组合确定了冲压这一冲压制件的模具数量和模具类型。因此，草拟的冲压工艺规程卡也是冲模设计的重要依据，冲模设计员必须按照草拟工艺规程的工艺方案、模具数量、模具类别和相应的工序简图来设计冲压模具。

3．冲压设备资料

冲压设备资料主要是指冲压设备说明书或冲压设备的技术数据。其内容主要有：技术规格、结构原理、调试方法、顶出和打料机构以及安装模具的各种参数（如闭合高度、模柄孔尺寸、工作台及台孔尺寸等）。设计冲模时，应全面了解设备的结构特点和尺寸参数，并使模具的有关结构和尺小与设备相适应。当没有上述技术资料可查时，工厂最常用的方法是对冲压设备主要的各种参数进行逐个实际测量，从而得出冲压设备的技术数据，并记录下来，今后这些资料就是该工厂设计模具的依据。

4．模具设计手册

模具设计手册可以提供有关的数据和图表，为模具设计提供有关的帮助，可节省模具设计时间。

5．有关冲模标准化的资料

设计冲模时，应优先采用冲模国家标准件，尽量做到模具零部件标准化，以提高模具设计效率和设计品质，缩短冲模的设计与制造周期。

1.3.2　设计的一般步骤

一般模具图样设计程序可按图 1-1 所示步骤进行，具体步骤如下所述。

1．接受设计任务书

通常设计冲模时，要取得公司或客户提供的冷冲压制件产品图或实物资料。模具设计任务书由工艺员根据冷冲压成形制件的任务书提出，模具设计员以冷冲压成形制件任务书、模具设计任务书为依据进行模具设计。在学校，冷冲压制件产品图及模具设计任务书可由指导老师提供。

学生在接到设计任务书后，首先应仔细阅读和研究本课题的设计任务书，明确本设计任务要达到的目标，并进行调查研究和现场考察。

2．绘制产品图

如果客户提供的是产品图，则可根据其产品图重新在 CAXA 或 CAD 软件下绘制产品图并画出展开图、排样图等。

如果客户提供的是产品实物，则需对它进行测量并绘成符合我国标准的产品图，并画出展开图、排样图等。

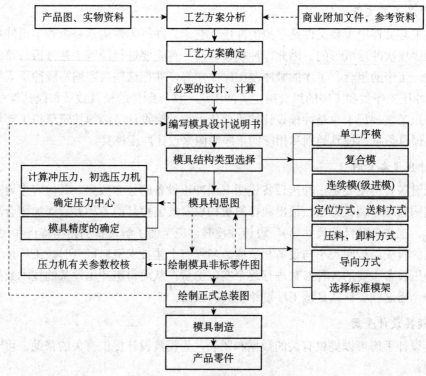

图 1-1　模具图样设计程序图

3. 产品工艺性分析

根据产品图、展开图、排样图初步决定工序次数、工序组合、工序顺序等，并画出工序简图和编写冲压工艺卡。

4. 选择压力机

压力机型号的确定主要取决于冲压工艺的要求和冲模的结构情况。应选用适合的压力机的类型及型号。

5. 绘制模具总装配图

根据上述分析、计算确定方案，再设计绘制冲压模具总装配图。

绘制冲压模具总装配图时，宜采用1∶1的比例，这样比较直观，容易看出模具结构是否合理。模具总装配图包括主视图、俯视图、侧视图、局部视图、剖视图及断面图等，此外还有制件图、排样图和零件明细栏等。

6. 绘制模具零件

模具总装配图中的非标准零件，需要分别画出其零件图。由模具总装图拆画零件图的顺序为：先内后外；先复杂后简单；先成形零件，后结构零件。

7. 编写设计计算说明书

整理和编写设计计算说明书。

8．试模及修模

一般情况是在选定成形材料、成形设备后，在预想的工艺条件下来进行模具设计的，但人们的认识往往是不完善的，因此，必须在模具加工完成以后，再进行试模试验。参看成形的冲压件质量如何，然后采用排除错误的方法进行修模。

制件出现不良现象的种类很多，原因也较复杂，既有模具方面的原因，也有工艺条件方面的原因，二者往往交织在一起。在修模前，应当根据制件出现的不良现象的实际情况，进行细致的分析，找出造成制件缺陷的原因，然后提出补救办法。因为成形条件容易改变，所以一般是先变更成形条件，当变更成形条件不能解决问题时，再考虑修理模具。

修理模具应慎重，没有十分把握不可随意。其原因是一旦变更了模具条件，就不能再做大的改造和恢复原状等工作。

9．设计总结及答辩

按照院、系要求进行设计总结及设计答辩。具体设计内容与要求参见第 1.2.2 小节及其他相关内容。

1.4　冷冲压模具设计的注意事项

冷冲压模具的设计过程是指从分析总体方案开始到完成全部技术设计的整个过程，这期间要经过分析、方案确定、计算、绘图、CAD 应用、修改、编写计算说明书等步骤。设计时应注意下述问题。

1．合理选择模具结构

根据零件图及技术要求，结合生产实际情况，选择模具结构方案，经过分析、比较后，选择确定最佳模具结构。

2．采用标准零部件和通用零件

尽量选用国家标准件、行业通用零件或者公司及工厂冲模通用零件，使冲模设计典型化及制造简单化，缩短模具设计与制造周期，降低模具成本。

3．设计和绘图交替进行

冲压模具在设计进程的各个阶段是相互联系的。设计时，零部件的结构不是完全由计算确定的，其中还要考虑结构、工艺性、经济性以及标准化等要求。随着设计的深入，考虑的问题会更多、更全面和更合理，故后阶段设计要对前阶段设计中的不合理结构尺寸等进行必要的修改。所以设计时要边计算边绘图，多次修改，计算、设计和绘图交替进行。

4．其他应注意的问题

（1）设计前用品准备。模具设计前必须预先准备好设计资料、手册、图册、绘图仪器、图板、三角板、丁字尺、圆规、铅笔、橡皮擦、绘图纸、设计说明书报告纸、计算机等。

（2）设计原始资料准备。应对模具设计与制造的原始资料进行详细分析，明确综合训练的要求与任务后再进行工作。原始资料包括冲压零件图、冲压生产批量、制件材料牌号与规格、现有冲压设备的型号与规格、模具零件加工设备条件等。

（3）定位销的用法。冲模中的定位销常选用圆柱销，其直径与螺钉直径相近，不能太细，每副模具上需要成对使用销钉，其长度不能太长，其进入模体的长度是直径的 2～2.5 倍。

（4）螺钉用法。固定螺钉拧入模体的深度不能太深。如拧入铸铁件，拧入深度是螺钉直径的 2～2.5 倍；如拧入钢件，拧入深度一般是螺钉直径的 1.5～2 倍。

（5）打标记。铸件模板上要设计出有加工、定位及打印编号的凸台。

（6）取放制件方便。设计拉深模时，为了便于放料和取料，所选设备的行程应是拉深件高度的 2～2.5 倍。

1.5　冷冲压模具装配图的设计要求

1．图纸幅面

图纸幅面尺寸按相关国家机械制图标准规定要求选用，并按规定要求画出图框。要用模具设计中的习惯和特殊规定作图。基本图幅有 A0、A1、A2、A3 和 A4，最小图幅为 A4。手工绘图比例最好采用 1∶1，这样直观性强。计算机绘图的尺寸必须按机械制图的要求缩放。

2．模具装配总图

模具装配总图主要用于表达模具的主要结构形状、工作原理及零件间的装配关系，它也是用于指导装配、检验、安装及作为维修工作的技术文件。

模具装配总图的视图数量一般为主视图和俯视图两个视图，必要时也可以绘制侧视图或加绘辅助视图。视图的表达方法以半剖或局部剖视为主，用以清楚表达模具的内部组成或装配关系。主视图应画成模具闭合时的工作状态，而不能将上模与下模分开来画，主视图的布置一般情况下应与模具的工作状态一致。俯视图一般只画下模。

图样右下角是标题栏，标题栏上方绘出明细栏。图样右上角部位画出用该套模具生产出来的冲制件形状尺寸图和冲制件排样图。

（1）标题栏。

装配图的标题栏和明细栏的格式按有关标准绘制。

（2）明细栏。

明细栏中的件号自下往上编写，从零件 1 开始，按冲压标准件、非标准件的顺序编写序号。

同类零件应排在一起。在备注栏中，标出材料热处理要求及其他要求。

（3）冲压制件图及排样图。

同类零件应排在一起。在备注栏中，标出材料热处理要求及其他要求。

（4）冲压制件图及排样图。

① 作图时应严格按比例画出，其方向应与冲压方向一致，复杂制件图不能按冲压方向

面出时须用箭头注明。

② 在制件图右下方注明制件名称、材料型号及料厚；若制件图比例与总图比例不一致时，应标出比例。

③ 排样图的布置应与送料方向一致，否则要用箭头注明。排样图中应标明料宽、搭边值和步距，如果是简单冲裁工序可以省略排样图。

（5）尺寸标注。

① 装配图主视图上标注的尺寸。

● 注明轮廓尺寸、安装尺寸及配合尺寸。

● 注明封闭高度尺寸。

● 带导柱的模具，导柱、固定螺钉、销钉等同类型零件至少每种画出一个剖视图。

● 带斜楔的模具应标出滑块行程尺寸。

② 装配图俯视图上应标注的尺寸。

● 在图上用双点画线画出条料宽度及表示送料方向的箭头。

● 与本模具相配的附件（如打料杆、推件器等）应标出装配位置尺寸。

● 俯视图应与主视图的中心线重合，标注前后、左右平面轮廓尺寸。

装配图侧视图、局部视图和仰视图等除标注必要的尺寸外，其余尺寸一般省略。

（6）计算机绘图要求。

① 绘图前要对该图设置线型和各自的图层（包括各种线型的颜色和线宽），绘图时每一条线都要归到各自的图层，便于以后对线型的修改。颜色设置建议如下。

● 粗实线（模具轮廓线）颜色为黑或白色（Black/White）。

● 粗实线（工件轮廓线）颜色为蓝色（Blue）。

● 中心线颜色为红色（Red）。

● 尺寸及标注线为蓝色（Blue）。

● 剖面线及细双点画线为洋红色（Magenta）。

● 细虚线为黄色或绿色（Yellow/ Green）。

● 波浪线颜色为绿色（Green）。

● 注写文字采用绿色（Green）。

② 若图形简单，粗实线线宽可采用 0.7mm，细实线线宽可采用 0.35 mm。图形复杂，粗实线线宽可采用 0.5 mm，细实线线宽可采用 0.25 mm。

③ 图层不能设置在定义层 Defpoints，否则无法打印。

④ 图样字体原则上按制图标准采用仿宋体（正体），宽：高=0.7：1，字体 3.5 号以上，可视图幅大小而定。汉字以外的其他文字采用 Isocp 字体，并采用斜体，A4 图的尺寸数字可用 3.5 号或 2.5 号。如国内某些软件的字库中没有仿宋体，则可按软件默认字体，这样标注方便快捷。

⑤ 图样打印前，图面上不能有任何彩色文字和线条，应全部选黑色。

3．技术要求及说明

技术要求中要注明对本模具的装配、使用等要求和注意事项。内容包括：凸、凹模间隙，冲压力大小，模具闭合高度（当主视图为非闭合高度时），所选模架型号，模具标记，所选压力机型号及相关工具等。说明部分包括模具结构特点及工作时的特殊要求等。

绘制模具总装图时，一般先按比例勾画出总装草图，经仔细检查确认无误后，再画成正规总装图。应当知道，模具总装图中的内容并非是一成不变的。实际设计中可根据具体情况，允许做出相应的增减。

1.6 冷冲压模具零件图的设计要求

除了绘制模具总装图外，模具总装图中的非标准零件，均需分别画出零件图，一般用1：1的比例绘制。

1. 冷冲压模具零件图的设计要求

模具零件图是模具加工的重要依据，应符合如下要求。

（1）视图要完整，以能将零件结构表达清楚为宜。一般用1：1的比例绘制。

（2）尺寸标注要正确、完整、清晰，符合国家制图标准要求。设计基准选择应尽可能考虑制造的要求。

（3）制造公差、几何公差、表面粗糙度要求选用要适当，既要满足模具加工质量要求，又要考虑尽量降低制造成本。

（4）注明所用材料牌号、热处理要求以及其他技术要求。

绘图顺序一般也是先画工作零件图，再依次画其他各部分的零件图。

2. 设计注意事项

设计中对于冲模零件加上精度，通常应考虑以下原则和方法。

（1）冲模的公差等级至少比冲压件要求的高两个级别。对中小型冲模而言，一般按IT7～IT6级设计；若为中间半成品零件或自由尺寸要求的零件，冲模公差等级可取为IT10～IT9级。这主要是针对冲模零件的工作面、配合面及影响精度的某些重要部位而言的。

（2）为确保模具的导向精度，上、下模座的导套、导柱孔需分别对应设计并同时加工，必须配钻、配镗。

（3）对于凹、凸模的配作加工，如果用快速走丝线切割加工，其尺寸可不标公差，但公称尺寸必须精确到丝的单位。如果是用慢速走丝线切割加工，其尺寸可不标公差，但公称尺寸必须精确到微米级单位。与它们相配作加工凹、凸模，仅在公称尺寸右上角标"*"即可，同时在技术要求中说明"*"按凹、凸模的配作加工并保证间隙即可。

（4）当然，模架和国标标准件是不需要绘制零件图的，只要在明细栏中写明标准件的型号和数量。有些标准零件需要补充加工（如上、下标准模座上的螺孔、销孔等）时，也需要画出零件图，但在此情况下，通常仅画出加工部位，而非加工部位的形状和尺寸可省去不画，只须在图中注明标准件代号与规格。

1.7 冷冲压模具设计后的审核

1. 主要技术参数的审核

冷冲压模具设计后，要对冲模零件、影响冲件质量的因素、压力机压力等技术参数整体进行审核。

（1）冲模各零件的材质、硬度、精度、结构是否能符合用户的要求；模具的压力中心是否与压力机的压力中心重合；卸料结构能否正确工作，冲件能否顺利卸出。

（2）是否对影响冲件质量的各因素进行了分析；是否注意在不妨碍使用和考虑冲压工艺等前提下尽量简化加工；冲压工艺参数的选择是否正确，冲件是否会产生变形（翘曲、回弹、起皱等）。

（3）冲压力（包括冲裁力、卸料力、推件力、顶件力、弯曲力、压料力、拉深力等）是否超过压力机的负载能力；冲模的安装方式是否正确。

2. 基本结构的审核

（1）冲压工艺、排样图的分析和设计是否合理。

（2）定位、导正机构（系统）的设计。

（3）卸料机构的设计。

（4）凸、凹模等工作零件的设计。

（5）压料、卸料和出料的方式。

（6）送料系统的设计。

（7）安全防护措施的设计。

3. 设计图的审核

（1）装配图上各零件的排列是否适当；装配位置是否明确；零件是否已全部标出；必要的说明是否明确。

（2）零件的编号、名称、数量是否确切标注；是本厂制造还是外购；是否遗漏配合精度、配合符号；冲件的高精度部位能否进行修整；有无超精要求；是否采用适于零件性能的材料；是否标注了材料的热处理、表面处理、表面加工的要求。

（3）是否符合制图标准和有关规定，加工者是否容易理解。

（4）加工者是否可以不进行计算，相关数字是否在适当的位置上明确无误地标注。

（5）设计内容是否符合有关的标准。

4. 加工工艺的审核

对加工方式是否进行了分析；零件加工工艺是否与加工设备相适应，现有设备能否满足要求；与其他零件配合的部位是否做了明确标注；是否考虑了调整余量；有无便于装配、分解的撬杆槽、装卸机、牵引螺钉等标注，是否标注了在装配时应注意的事项；是否把热处理或其他原因所造成的变形控制在最小限度范围内等。

1.8 编写设计计算说明书及总结答辩

设计计算说明书是整个设计计算过程的整理和总结，也是图样设计的理论依据，同时还是审核设计能否满足生产和使用要求的技术文件之一。因此，设计计算说明书应能反映出所设计模具的可靠性和经济合理性。

1.8.1 设计计算说明书的编写内容与要求

1. 设计计算说明书的编写内容

设计员除了用工艺文件和图样表达自己的设计结果外，还须编写设计说明书，用以阐明自己的设计观点、方案的优势、设计依据和过程等。

设计计算说明书应在全部计算及全部图样完成后整理编写，主要内容有：冲压件的工艺性分析，毛坯的展开尺寸计算，排样方式及经济性分析，工艺过程的确定，半成品过渡形状的尺寸计算，工艺方案的技术和经济分析比较，模具结构形式的合理性分析，模具主要零件结构形式、材料选择、公差配合和技术要求的说明，凹、凸模工作部分尺寸与公差的计算，冲压力的计算，模具主要零件的强度计算，压力中心的确定，弹性元件的选用及校核等。具体内容包括如下。

（1）标题（封面）。设计课题名称，要求简洁、确切、鲜明。

（2）摘要。扼要叙述本设计的主要内容、特点，文字要精练。中文摘要约 300 字；外文摘要不宜超过 250 个实词。

（3）目录。目录由两部分组成，一部分是编写说明书里内容的题目，另一部分是题目内容所占页次，页次要按顺序排列下来。

（4）序言。

（5）设计任务书及产品图。

（6）正文。

① 制件的工艺性分析。

② 冲压工艺方案的制定。

③ 模具结构形式的论证及确定。

④ 排样图的设计及材料利用率的计算。

⑤ 模具工作零件刃口尺寸及公差的计算。

⑥ 工序压力的计算及压力中心的确定。

⑦ 冲压设备的选择及校核。

⑧ 模具零件的选用、设计及必要的计算。

⑨ 其他需要说明的问题和发展方向等。

（7）结论。

（8）致谢。

（9）参考文献与附录。

2．编写设计计算说明书的要求

（1）设计计算说明书应以计算内容为主，要求写明整个设计的主要计算方法及简要说明。要求写出公式并注明来源，同时代入相关数据，得出运算结果。

（2）在设计计算说明中，还应附有与计算相关的必要简图，如压力中心计算时应绘制零件的排样图。确定工艺方案时，须画出多种工艺方案的结构图，以便进行分析比较。

（3）说明书中所选参数及所用公式应注明出处，写出公式中符号所代表的意义及单位。

（4）说明书后面应附有主要参考文献目录，包括书刊名称、作者、出版社、出版年份。在说明书中引用所列参考资料时，只须在方括号里注明其序号及页数即可。

（5）设计计算说明书用 16 开纸或 A4 纸编写，手写时必须用钢笔、中性笔（不得用铅笔或彩色笔）书写，也可以用计算机打印出来，应标出编号目录及页次，并装订成册。

1.8.2 设计总结与答辩的注意事项

设计总结与答辩是综合实训的最后一个环节，是对整个实训设计过程的系统总结、检查和评价。

学生在完成全部图样及编写设计计算说明书之后，应全面分析此次设计中存在的优、缺点，找出设计中应注意的问题，掌握通用模具设计的一般方法和步骤。通过总结，提高分析与解决实际工程设计问题的能力。

设计答辩工作是老师了解学生综合设计能力的最要环节。在进行答辩的前一天，由院、系拟定答辩顺序并公布答辩学生名单。答辩应针对每个学生单独进行，具体形式和时间安排由指导老师安排。

答辩小组的成员组成，应以设计指导教师为主，同时聘请与专业课有关的各门课程专业课教师，必要时要聘请 1～2 名工程技术人员。

答辩中所提问题，一般以设计方法、方案以及设计计算说明书和设计图样中所涉及的内容为主。可就计算过程、结构设计、查取数据、视图表达、尺寸与公差配合、材料及热处理、装配及要求等方面广泛提出问题让学生回答，也可要求学生当场查取数据及进行必要的计算等。

通过学生本人系统地回顾总结和对教师的问题进行答辩，使学生能更进一步发现自己在设计过程中存在的问题，搞清尚未弄懂的、不甚理解或未曾考虑的问题，从而取得更大的收获，达到比较圆满地完成整个实训的目的及要求。

1.8.3 考核方式及成绩评定

设计成绩的评定，应以学生在设计图样、编写设计计算说明书和在答辩中回答问题的情况为根据，并参考学生在设计过程中的表现进行综合评定。

模具设计与制造综合训练（可包括制造）成绩的评定包括冲压工艺与模具设计、模具制造、设计计算说明书及答辩等内容，分别所占权值见表1-1。

表 1-1　模具设计评分标准

项目		权值	指标
模具设计与制造创新能力综合训练	冷冲压工艺编制	10%	工艺是否可行、合理
	装配图	20%	结构合理，图样绘制与技术要求符合国家标准，图面质量好
	零件图	20%	结构合理，图样绘制与技术要求符合国家标准，图面质量好，绘制的零件图数量齐全
模具制造	零件加工工艺	20%	符合图样技术要求，保证零件质量
实训或实习报告	设计计算说明书撰写质量	20%	文理通顺，条理清楚，书面用语符合技术规范要求；字迹工整，图表清楚；书写格式规范化
答辩	阐述设计内容，回答问题	10%	论述思路清晰、表达清楚；回答问题正确、深入、有逻辑性

冷冲压模具设计（可包括制造）的成绩一般采用五级计分（优秀、良好、中等、及格和不及格）。可采用"结构分"形式进行成绩的综合评定。结构分由指导老师的评分、评阅人的评分和答辩委员会的评分组成，这三部分的比例一般为3：3：4。

1．优秀

（1）冷冲压工艺与模具结构设计合理，内容正确，有独立见解或创造性。

（2）设计中能正确运用专业基础知识，设计计算方法正确，计算结果准确。

（3）全面完成规定的设计任务，图样齐全，内容正确，图面整洁，且符合国家制图标准。

（4）编制的模具零件加工工艺规程符合生产实际，工艺性好。

（5）计算说明书内容正确、完整，条理清楚，书写工整清晰。

（6）在答辩中论述思路清晰，论点正确，回答问题全面、准确、深入。

（7）依据设计所加工出的模具完全符合图样要求，试模成功，能加工出合格的冲压零件。

（8）设计中可有微小缺陷，但不影响整体设计质量。

2．良好

（1）冷冲压工艺与模具结构设计合理，内容正确，有一定见解。

（2）设计中能正确运用所学专业基础知识，设计计算方法正确。

（3）能完成规定的全部设计任务，图样齐全，内容正确，图面整洁，符合国家制图标准。

（4）编制的模具零件的加工工艺规程符合生产实际。

（5）计算说明书内容较完整、正确，书写整洁。

（6）在答辩中论述思路清晰，能正确回答教师提出的大部分问题。

（7）依据设计所加工出来的模具符合图样要求，试模成功，能加工出合格的冲压零件。

（8）设计中有个别非原则性的缺点和小错误，但基本不影响设计的正确性。

3．中等

（1）冷冲压工艺与模具结构设计基本合理，分析问题基本正确，无原则性错误。

（2）设计中能基本运用本专业的基础知识进行模拟设计。

（3）能完成规定的设计任务，附有主要图样，内容基本正确，图面清楚，符合国家制图标准。

（4）编制的模具零件的加工工艺规程基本符合生产实际。

（5）计算说明书中能进行基本分析，计算基本正确。

（6）在答辩中论述思路较清晰，回答主要问题基本正确。

（7）依据设计所加工出来的模具基本符合图样要求，经调整试模成功，能加工出合格的冲压零件。

（8）设计中有个别小的原则性错误。

4．及格

（1）冷冲压工艺与模具结构设计基本合理，分析问题能力较差，但无原则性错误。

（2）设计中基本上能运用本专业所学的基础知识进行设计，考虑问题不够全面。

（3）基本上能完成规定的设计任务，附有主要图样，内容基本正确，基本符合标准。

（4）编制的模具零件的加工工艺规程基本可行，但工艺性不好。

（5）计算说明书的内容基本正确完整，书写工整。

（6）在答辩中能回答教师提出的部分问题，或经启发后可答出。

（7）依据设计所加工出来的模具经过修改才能够加工出冲压零件。

（8）设计中有一些原则性小错误。

5．不及格

（1）设计中不能运用所学知识解决工程问题，在整个设计中独立工作能力较差。

（2）冷冲压工艺与模具结构设计不合理，有严重的原则性错误。

（3）设计内容没有达到规定的基本要求，图样不齐全或不符合标准。

（4）没有在规定的时间内完成设计。

（5）计算说明书文理不通，书写潦草，质量较差。

（6）在答辩中自述不清楚，回答问题时错误较多。

（7）依据设计所加工出来的模具不符合图样的要求，不能够使用。

第 2 章　冷冲压基础知识

2.1　冷冲压的基础知识

2.1.1　冷冲压特点及应用

1. 冷冲压的概念

冲压是利用安装在冲压设备（主要是压力机）上的模具对被冲材料施加压力，使其分离或塑性变形，从而获得所需要形状和尺寸的零件（俗称冲压件或制件）的一种压力加工方法。冲压一般是在室温下进行的，且主要采用板料来加工，所以也称为冷冲压或板料冲压。

冷冲压加工的三要素如下所述。

（1）冲压设备。冲压设备是指进行冲压加工所必需的成套机器、装置、生产线或加工中心。压力机是主要的冲压设备，冲压设备为板料变形提供动力。现存生产中采用的多为传统的冲压设备，主要包括各种机械压力机、液压机等。

（2）冲压模具。模具是冲压加工中安装在压力机上的专用模型、工具，冲压模具对板料塑性变形加以约束，并直接使板料变成所需的零件。

（3）冲压材料。原材料是冲压加工的对象，是直接制造出冲压件的原料。冲压所用的原材料多为金属或非金属的板料。

冲压加工三要素是决定冲压质量、精度和生产率的关键因素，是不可分割的。先进的模具只有配备先进的压力机和优质的材料，才能充分发挥效能，做出一流产品，取得高的经济效益。

冷冲压技术工作包括冷冲压工艺设计、模具设计及冷冲模制造三方面的内容，尽管三者的工作内容不同，但三者之间存在着相互渗透、相互补充、相互依存的关系。

2. 冷冲压的特点

冷冲压加工与机械加工及其他塑性加工方法相比，无论在技术方面还是经济方面都具有许多独有的特点，主要体现如下。

（1）生产率高。冲压加工的生产率高，且操作方便，易于实现机械化与自动化。

（2）产品质量好。冲压件的质量稳定，互换性好，具有"一模一样"的特征。冲压时模具能够保证冲压件的尺寸和形状精度，一般也不会破坏冲压材料的表面质量，模具寿命也较长，可以获得合理的金属流线分布。

（3）能加工出其他加工方法难以加工或无法加工、形状复杂的零件。

（4）产品成本低。冲压加工材料的利用率较高，冲压一般没有切削碎料，材料的消耗较少，且不需要其他加热设备，因而成本较低，是一种省料、节能的加工方法。

但是，冷冲压加工所使用的模一般具有专用性，因此，只有在生产批量较大的情况下，冲压加工的优点才能充分体现出来，获得较好的经济效益。

3．冷冲压的应用

由于冷冲压有许多优点，尤其在大批量生产中的优点突出，因此，在机械制造、电子、电器、仪表、国防、航空航天及日用品各行各业中，都得到了广泛的应用。大到汽车覆盖件，小到钟表及仪器、仪表元件，大多是由冷冲压加工方法制成的。

目前，采用冷冲压工艺所获得的冲压制品，在现代汽车、拖拉机、电动机、电器、仪器、仪表、各种电子产品和人们日常生活中，都占有十分重要的地位。据粗略统计，在汽车制造业中有 60%～70%的零件是采用冲压工艺制成的。如一辆新型轿车投产须配套 2 000副以上各类专用模具，而冷冲压生产所占的劳动量为整个汽车工业劳动量的 25%～30%。在机电及仪器、仪表生产中有 60%～70%的零件是采用冷冲压工艺来完成的。一台电冰箱投产须配套 350 副以上的各类专用模具。存电子产品中，冲压件的数量约占零件总数的 85%以上。在飞机、导弹、各种枪弹与炮弹的生产中，冲压件所占的比例也相当大。人们日常生活中用的金属制品，冲压件所占的比例更大，如铝锅、不锈钢餐具、搪瓷盆都是冷冲压制品。占世界钢产量 60%～70%以上的板料、管材及其他型材，其中大部分是经过冲压制成成品的。在许多先进的工业国家里，冲压生产和模具工业得到快速发展。例如美国和日本，模具工业的产值已超过机床工业，模具工业成为重要的产业部门，而冲压生产则成为生产优质先进机电产品的重要手段。

4．冷冲压行业发展趋势

随着工业产品质量的不断提高，冲压产品生产正呈现多品种、小批量、复杂、大型、精密、更新换代速度快的变化特点，冲压模具正向高效、精密、长寿命、大型化方向发展。为适应市场变化，随着计算机技术和制造技术的迅速发展，冲压模具设计与制造技术正由手工设计、依靠人工经验和常规机械加工技术向以计算机辅助技术、数控切削加工、数控电加工为核心的计算机辅助设计与制造（CAD/CAM）技术转变。发展趋势体现如下。

（1）模具 CAD/CAE/CAM 正向集成化、三维化、智能化和网络化方向发展

① 模具软件功能集成化。

② 模具设计、分析及制造三维化。

③ 模具软件应用的网络化趋势。

（2）模具检测、设备加工向精密、高效和多功能方向发展

① 模具检测设备日益精密、高效。

② 数控电火花加工机床得到更广泛使用。

③ 采用高速铣削加工（HSM）和五轴机床加工。

（3）快速经济制模技术广泛使用。

为了适用多品种、小批量生产的需要，加快模具的制造速度，降低模具生产成本，开发和应用快速经济制模技术越来越受到人们的重视。具体主要有以下一些技术。

① 快速原型制造技术（RPM）。

② 表面成形制模技术。

③ 浇注成形制模技术。

④ 冷挤压及超塑成形制模技术。

⑤ 无模多点成形技术。

⑥ KEVRON 钢带冲裁落料制模技术。

⑦ 模具毛坯快速制造技术。

⑧ 其他方面技术。如采用氮气弹簧压边、卸料、快速换模技术、冲压单元组合技术、刃口堆焊技术、实型铸造技术及冲模刃口镶块技术等。

（4）模具材料及表面处理技术发展迅速

随着产品质量的提高，对模具质量和寿命要求越来越高，而提高模具质量和寿命最有效的办法就是开发和应用模具新材料及应用热处理、表面处理新工艺，不断提高使用性能，改善加工性能。

（5）模具工业创新理念和先进生产管理模式

随着需求的个性化和制造的全球化、信息化，企业内部和外部环境的变化，以及制造技术的先进化，冲压模具行业的传统生产观念和生产组织方式发生了改变，出现了一些新的设计、生产、管理理念与模式。具体为：以技术为中心向以人为中心转变，强调协同能力，以适应模具单件生产特点的柔性制造技术；创造最佳管理和效益的团队精神，精益生产；由传统的顺序工作方式向并行工作方式的转变，提高快速应变能力的并行工程、虚拟制造及全球敏捷制造、网络制造、虚拟技术等新的生产哲理；广泛采用标准件、通用件的分工协作生产模式；适用可持续发展和环保要求的绿色设计与制造等。

2.1.2　冷冲压模具的分类

在冲压加工中，安装在设备上的专用模型、工具，将材料加工成冲压零件（或半成品）的一种特殊工艺装备，称为冲压模具。冲压模具在实现冲压加工中必不可少，没有符合要求的冲压模具，冲压加工就无法进行；没有先进的冲压模具，先进的冲压工艺就无法实现。冲模设计是实现冷冲压加工的关键工艺，一个冲压零件往往要用几副模具才能加工成形。在冲压零件的生产中，合理的冲压成形工艺、先进的模具、高效的冲压设备是必不可少的。

冲压零件品种繁多，要求冷冲压模具的结构类型也多种多样。冷冲压模具一般有下列几种分类方式。

（1）按工序性质分类可分为冲裁模、弯曲模、拉深模、翻孔模等。

（2）按完成冲压工序的数量及组合程度分类可分为单工序模、复合模和级进模（连续模）等。

（3）按模具导向方式分类可分为无导向开式模、有导向导板模、导柱模、导筒模等。

（4）按进、出料的操作方式分类可分为手动模、半自动模、自动模。

（5）按模具有无卸料和卸料方法分类可分为无卸料模、刚性卸料模和弹性卸料模。

（6）按专业化程度分类可分为通用模、专用模、自动模、组合模、简易模等。

（7）按模具工作零件的材料分类可分为钢模、硬质合金模、钢结硬质合金模、聚氨酯模、低熔点合金模。

（8）按模具外形及结构尺小大小分类可分为大型、中型和小型冲模。

除此以外，还有按其他形式进行分类的。

2.1.3　冷冲压材料与冷冲压模具材料

1. 冷冲压材料

冷冲压材料最常见的是金属板料，金属板料分黑色金属板料和有色金属板料两种。一些非金属板料也可采用冷冲压方法进行加工。

（1）黑色金属板料

黑色金属是指铁和碳的合金，如钢、生铁、铁合金、铸铁等。钢和生铁都是以铁为基础，以碳为主要添加元素的合金，统称为铁碳合金。

① 普通碳素钢钢板。常用牌号有 Q195、Q235、Q275 等。

② 优质碳素结构钢钢板。这类钢板的化学成分和力学性能都有保证。其中碳钢以低碳钢使用较多，常用牌号有 08、08F、10、20、70 等，冲压性能和焊接性能都好，目前使用最多的是冲压件板材。

③ 低合金结构钢板。常用牌号有 16Mn、10Mn2。用以制造有强度、弹性要求的重要冲压件。

④ 电工硅钢板。常用牌号有 DT1、DT2。

⑤ 不锈钢板。常用牌号有国产的 12Cr13 等、美国生产的 304、日本生产的 SUS304 等。拉深件用的不锈钢材料就是不锈钢板，主要用以制造有防腐蚀防锈要求、外观漂亮的产品。

（2）有色金属板料

有色金属又称非铁金属，指除黑色金属以外的金属和合金，如铜、锡、铅、锌、铝以及黄铜、青铜、铝合金和轴承合金等。另外在工业上还采用铬、镍、锰、钼、钴、钒、钨、钛等，这些金属主要用作合金附加物，以改善金属的性能，其中钨、钛、钼等多用于生产刀具用的硬质合金中。此外还有贵重金属如铂、金、银等和稀有金属，包括放射性的钠、镭等。

① 纯铜及铜合金（如电解铜、黄铜）等。常用的牌号有 T1、T2、H62、H68 等，其塑性、导电性和导热性均很好。

② 纯铝及铝合金。常用的牌号有 1060、1050A、3A21、2A12 等，有较好塑性，变形抗力小且轻。

（3）非金属材料板料

包括胶木板、橡胶板、塑料板、纸板、云母板等。

（4）冲压用材料的形状

现代企业最常用的是块片、捆片与卷料，或者是企业自己对购进的板料（通常是 2m× 1m）用剪板机按需求进行剪板。有时也采用边角废料，边角废料因为来源有限，只适用于小批量生产和价值昂贵的有色金属产品的生产。板料按厚度公差可分为 A、B、C 三种；按表面质量可分为 I、II、III 三种。钢板表面不得有裂纹、气泡、夹杂、结疤、折叠和明显的划痕。钢板不得有分层。其他缺陷允许存在，但其深度或高度不得超过钢板厚度允许公差的一半。

铝钢板用于拉深复杂零件，其拉深性能可分为 ZF、HF、F 三种。一般拉深低碳薄钢板可分为 Z、S、P 三种（Z 是最深拉深，S 是深拉深，P 是普通深拉深）。板料供应状态可为退火状态 M 和淬火状态 C，外企和国内部分地区也分为特硬 T、硬料 Y、半硬料（1/2 硬）Y2 和软料 M 等。

另外，同一种牌号或同一厚度的板材，还有冷轧和热轧之分。我国国产板材中，厚板 $t>4mm$ 的为热轧板，薄板（$t<4mm$）为冷轧板（也有热轧板）。与热轧板相比，冷轧板尺寸精确，偏差小，表面缺陷少，表面光亮，内部组织致密，冲压性能更优。根据轧制方法不同分为冷轧和热轧，又分为连轧和往复轧。一般来说，连轧钢板的纵向和横向性能差别较大，纤维的方向性比较明显，各向差异大；单张往复轧制时，钢板各向均有相近程度的变形，故钢板的纵向和横向性能差别较小，冲压性能更好。

常用冲压用材料有以下几类（交货时分为拥片和块片）。

① 钢板类。

国标：Q235（旧标准 A3）；美国：Gr.D；日本：SM400A）。

国标：20-50（如 45 钢）；美国：1020-1050；日本：S20C-S50C。

另外，如标有 Sped、Spcc 或 Spcen，是指日本冷轧钢板，有单光片（如 Spcc-SD）、双光片（如 Spcc-SB）等。日本钢材的牌号（JIS 系列）第一部分表示材质，如 S（Steel）表示钢，F（Ferrum）表示铁；第二部分表示不同的形状、种类、用途，如 P（Plate）表示板，T（Tube）表示管；第三部分表示特征数字，一般为最低抗拉强度。

- Spcc。相当于普通冷板（1/2 硬）。表示一般用冷轧碳素钢薄板及钢带，相当于国产的 Q195-Q215A 牌号。其中第三个字母 c 为英文 Cold（冷）的缩写。须保证拉伸试验时，在牌号末尾加 t 为 Spcct。
- Spcd。相当于国产 08L 冷板（深拉深板 1/4 硬）。表示冲压用冷轧碳素钢薄板及钢带，相当于国产的 08AL（13237）优质碳素结构钢。
- Spcen。冷板（最深拉深软板）。表示冲压用冷轧碳素钢薄板及钢带，相当于国产的 08AL（5213）深冲钢板。须保证非时效性时，在牌号末尾加 n 为 Spcen。冷轧碳素钢薄板及钢带调质代号：退火状态为 A，标准调质为 S，1/8 硬为 8，1/4 硬为 4，1/2 硬为 2，1 硬为 1。表面加工代号：无光泽精轧为 D，光亮精轧为 B。如 Spcc-SD 表示标准调质、无光泽精轧的一般用冷轧碳素薄板；再如 Spcct-SB 表示标准调质、光亮加工，要求保证力学性能的冷轧碳素薄板。
- SEcc。矽钢片。
- Sphc（热轧板）。首位 S 为英文 Steel（钢）的缩写，p 为 Plate（板）的缩写，h 为

Heat（热）的缩写，c 为 Commercial（商业）的缩写，整体表示一般用热轧钢板及钢带。

- SGcc。镀锌板。
- C5102、C5191。日本磷铜片。
- C1720。日本铍青铜片。

② 铜板类（国内 GB）。

纯铜：T1、T2、T3、T4，含铜的质量分数为 99.95%～99.97%，其余为银。

黄铜：H90，含铜的质量分数为 88%～91%，其余为锌。

黄铜：HNi65-5，含铜的质量分数为 64%～67%，含镍的质量分数为 5%～6.5%。

黄铜：HSn90-1，含铜的质量分数为 88%～91%，含锡的质量分数为 0.25%～0.75%。

白铜：B5，含铜的质量分数为 4.4%～5%，其余为镍+银。

锡青铜：QSn4-3。

铍青铜：QBe2。

③ 小锈钢板类。

国产 12Cr1SNi9，日本 SUS302，美国 302，奥氏体，有高的强度，用于建筑装饰部件。

国产 06Cr19Nil0，日本 SUS304，美国 304，奥氏体，拉深用的不锈钢材料。

国产 12Cr17Ni7，日本 SUS301，美国 301，奥氏体，作端子连续模用的条料（有弹性的弹片）。

国产 10Cr17，日本 SUS430，美国 430（俗称不锈铁），用于燃烧器部件、家用电器。

国产 12Cr13，日本 SUS410，美国 410，马氏体，耐蚀性，一般用于切削刃零件、餐具等。

（5）冲压材料的合理选用。

冲压材料的选用需要考虑冲压件的使用要求、冲压工艺要求及经济性要求等。

① 考虑冲压件的使用要求。所选材料应能使冲压件在机器或部件中正常工作，并具有一定的使用寿命。因此，应根据冲压件的使用条件，让所选材料满足相应强度、刚度、韧性及耐蚀性和耐热性等方面的要求。

② 考虑冲压工艺的要求。对于任何一种冲压件，所选的材料应能按照其冲压工艺的要求，稳定地冲压出不至于开裂或起皱的合格产品，这是基本的也是最重要的选材要求。为此可采用以下方法合理选材。

- 试冲法。根据以往的生产经验及可能条件，选用几种基本能满足冲压件使用要求的板料进行试冲，最后选择没有开裂或皱折的、废品率低的一种。这种选择结果比较直观，但带有较大的盲目性。
- 分析对比法。在分析冲压变形性质的基础上，把冲压成形时的最大变形程度与板料冲压成形性能所允许采用的极限变形程度进行对比，并以此作为依据，选取适合于该种零件冲压工艺要求的板材。

③ 考虑经济性要求。所选材料应在满足使用性能及冲压工艺要求的前提下，尽量使材料的价格低廉，来源方便，经济性好，以降低冲压件的成本。

（6）冲压加工常用材料在图样上的标注

根据相应的国家标准，可以在冲压工艺文件和图样上用如下方式标注钢板的牌号：

$$钢板\frac{1.0\times1\,000\times1\,500 - GB/T\,708—2006A}{08 - II - GB/T\,13237—1991}$$

含义：08 号钢，料厚 1.0（mm）、料宽 1 000（mm）、料长 1 500（mm）的钢板，轧制精度为 A 级，表面精度为 II 级，拉深精度为 S 级（深拉深钢）。

2．冷冲压模具材料

目前，制造冷冲压模具的材料绝大部分以钢材为主，其种类较多，一般常用的冷冲压模具钢材有以下几种。

（1）碳素工具钢

应用较多的碳素工具钢为 T8A、T10A 等，这是冲模中应用最广、价格最便宜的材料，适宜形状简单的冲模。T8A 钢的特点是无析出网状碳化物倾向，塑性、韧性好；T10A 钢的特点是含碳量较高，有过剩的二次渗碳体，经淬火、回火后硬度较高。这类钢的整体优点是加工性能好，有一定的硬度；缺点是淬火变形大，耐磨性能较差。

碳素工具钢的淬透性低，常规淬火后硬化层通常为 1.5～3mm。淬火变形量与含碳量有关，含碳量高，M_s 点低，淬火后残留奥氏体增多，模具型腔变形程度大。

提高淬火温度，碳素工具钢的强度下降。实践证明，适当提高淬火温度，可增加硬化层厚度，从而提高模具的承载能力。一般，对于小型模具可采用较低的淬火温度（760～780℃），大中型零件采用较高的淬火温度（800～850℃）。

（2）低合金工具钢

用于制造模具的低合金工具钢有 CrWMn、9CrSi、9Mn2V、7CrSiMnMoV（代号 CH-1）、6CrNiSiMnMoV（代号 GD）等。

低合金钢的特点是淬透性好、淬火变形小、耐磨性较好、机械加工容易，常用于制造形状复杂、要求变形小的中小型模具，表面可进行渗硼等化学热处理，热处理后的硬度为58～68HRC。

CrWMn 钢是一种低变形钢，具有较高的淬透性、硬度和耐磨性，在我国应用较广。但因热加工时易形成网状碳化物，故应用范围受到一定的限制。为了防止碳化物网的产生，终锻温度不宜过高，锻后冷却速度不可太慢。这类钢主要用作凹模，为了充分发挥其强韧性的潜力，常采用等温淬火方法处理。这种材料还适用于制造截面较大、刃口不剧烈受热、淬火变形小、要求耐磨性高的冲压模具。

9CrSi 钢属于低合金过共析钢，特点是碳化物分布均匀，淬透性、淬硬性较好，回火时硬度变化平缓，承载能力较好，适用于等温淬火。当钢在淬火状态下布氏硬度＜229HBW、珠光体组织为 2～4 级时，具有较好的冷热加工性能，淬火后韧性高。用 9CrSi 钢制作轻载模具，硬度要求为 58～61HRC 时，可在 200～250℃条件下回火。中等载荷模具，硬度要求 56～58HRC 时，可在 280～320℃条件下回火。高韧性模具，硬度要求为 54～56HRC 时，可在 350～400℃条件下回火。

（3）高碳高铬模具钢

常用的高碳高铬模具钢有 Cr12、Cr12MoV 和 Cr12Mo1V1（代号 D2）。这类模具钢具有高强度、耐磨、易淬透、稳定性高、抗压强度高及微变形等优点，常用于冲击力大、寿命高、形状复杂的模具，热处理后的硬度为 60～64HRC。

Cr12、Cr12MoV 钢由于含碳量高，高硬度的碳化物数量增多，因而具有高的耐磨性；钢中含有较多的残留奥氏体，可通过调整热处理工艺控制残留奥氏体量，以控制模具的热处理变形尺寸，减小变形量；油淬时，Cr12MoV 钢的淬火临界尺寸可达 200～250mm，空冷时为 150mm，淬透性高。但缺点是：碳化物分布不均匀，尺寸敏感性和各向异性大，韧性低；变形抗力大，锻造困难；熔点低，易过热、过烧；热处理时有脱碳倾向。在使削性能上，二者各具特点，Cr12MoV 的碳化物不均匀性和强韧综合性能均优于 Cr12 钢，而耐磨性 Cr12 优于 Cr12MoV 钢；但在工艺性能方面，Cr12MoV 又优于 Cr12 钢。

（4）高碳中铬工具钢

常用的高碳中铬工具钢有 CT6WV、Cr4W2 MoV 和 Cr5 MoV 等。这类钢由于铬含量较少，耐磨性、淬透性能稍差，但由于加入了 W、Mo、V 等元素，提高了钢的稳定性、力学性能和耐磨性。适用于弯曲模，热处理后硬度为 50～60HRC。

Cr4 W2MoV 钢是我国研制的钢号，其含铬的质量分数为 4%，并加有一定量的 W、Mo、V，具有较高的淬透性，可作高耐磨、微变形冷作模具。钢的冶金质量也较好，钢中共晶碳化物细小。缺点是碳化退火困难，锻造温度范围窄，易于过热、过烧。钢的淬火变形趋势与 Cr12 钢相似，有较好的尺寸胀缩，可以调节。

（5）高速工具钢

高速工具钢主要有 W18Cr4V、6W6M05Cr4V。这类钢具有高强度、高硬度、高耐磨性、高韧性和耐回火性等特点。

6W6M05Cr4V 钢是一种低碳高速工具钢，其优点是淬透性好，并具有类似高速工具钢的高硬度、高耐磨性、高强度等综合性能，且又有较高速工具钢好的韧性，有较长的使用寿命。它的缺点是钢中含钼量较高，热加工温度范围稍窄，变形抗力较大，容易脱碳。

（6）基体钢

模具中常用的基体钢有 6CI4W3Mo2VN6（代号 65Nb）、7G7Mo2V2Si（代号 LD）、5Cr4Mo3SiMnVAL（代号 012AL）等。

基体钢是指在高速工具钢淬火组织基体的化学成分基础上，添加少量的其他元素，适当增减碳含量，使钢的成分与高速工具钢基体成分相同或相近的一类模具钢。这类钢由于去除了大量的过剩碳化物，与高速工具钢相比，其韧性和疲劳强度得到大幅度的改善，但又保持了高速工具钢的高强度、高硬度、热硬性和良好的耐磨性。

（7）硬质合金和钢结硬质合金

YC 类硬质合金是一种多相结合材料，其耐磨性、硬度、机械强度都较高，可用于大批量、寿命高的小型模具。其缺点是不能进行切削加工，价格较贵。YE 类钢结硬质合金既具有合金钢的可锻造、切削加工、焊接及热处理性能，又具有硬质合金的高硬度、高耐磨性的特点，是一种很好的模具材料，但价格很贵。

2.1.4 冷冲压的基本工序

冷冲压加工的零件由于其形状、尺寸、精度要求、生产批量、原材料性能等各不相同，因此生产中所采用的冷冲压工艺方法也多种多样。概括起来分为两大类：分离工序和成形工序。分离工序是使冲压件与板料沿一定的轮廓线相互分离的工序，同时，冲压件分离断面的质量，也要满足一定的要求。成形工序是指材料在不破坏的条件下产生塑性变形的工序，从而获得一定形状、尺寸和精度要求的零件。在实际生产中，一个零件的最终成形，往往可能有几种不同工序的组合。

常见的冷冲压基本工序见表 2-1。

表 2-1 常用的冷冲压基本工序

冲压类别	序号	工序名称	工序简图	定义
分离工序	1	切断		将材料沿敞开的轮廓线分离，被分离的材料为零件或工序件
	2	落料		将材料沿封闭的轮廓线分离，封闭轮廓线以内的材料成为零件或工序件
	3	冲孔		将材料沿封闭的轮廓线分离，封闭轮廓线以外的材料成为零件或工序件
	4	切边		切去成形制件不整齐的边缘材料的工序
	5	切舌		将材料沿敞开轮廓局部而不是完全分离的一种冲压工序
	6	剖切		将成形工序件一分为几部分的工序

（续表）

冲压类别	序号	工序名称	工序简图	定义
分离工序	7	整修	零件　废料	沿外形或内形轮廓切去少量材料，从而降低边缘表面粗糙度值和垂直度的冲压工序，一般也能同时提高尺寸精度
	8	精冲		利用有带齿压料板的精冲模使冲件整个断面全部或基本全部达到光洁和尺寸精度高的冲压工序
成形工序	9	弯曲		利用压力使材料产生塑性变形，从而获得一定曲率、一定角度形状的制件
	10	卷进		将工序件边缘卷成接近封闭圆形的工序
	11	拉弯		在拉力与弯矩共同作用下实现弯曲变形，使整个横断面全部受拉伸应力的一种冲压工序
	12	扭弯		将平直或局部平直工序件的一部分相对另一部分扭转一定角度的冲压工序
	13	拉深		将平板毛坯或工序件变为空心件，或者把空心件进一步改变形状和尺寸的一种冲压工序
	14	变薄拉深		将空心件进一步拉伸，使壁部变薄高度增加的冲压工序
	15	翻孔		沿内孔周围将材料翻成侧立凸缘的冲压工序
	16	翻边		沿曲线将材料翻成侧立短边的工序

冲压类别	序号	工序名称	工序简图	定义
成形工序	17	卷缘		将空心件的口部边缘卷成接近封闭圆形的一种冲压工序
	18	胀形		将空心件或管状件沿径向往外扩张，形成局部直径较大的零件的冲压成形工序
	19	起伏		依靠材料的延伸变形使工件形成局部凹陷或凸起的冲压工序
	20	扩口		将空心件或管状件的口部扩大，形成口部直径较大的零件的冲压成形工序
	21	缩口、缩径		将空心件或管状件口部或中部加压，使其直径缩小，形成口部或中部直径较小的零件的冲压成形方法
	22	整形（立体）		用整形模将弯曲件或拉深件形状不准确的地方校正压成准确形状的工序
	23	整形（校平）	表面有平面度要求	将零件不平的表面校平
	24	旋压		用滚动旋轮使旋转状态下的坯料逐步成形为各种旋转体空心体的工序
	25	压印		用压印模使材料局部挤压转移，以得到凸凹不平的浮雕花纹、文字或标记的工序
	26	冷挤压		用冷挤压模对模腔内的材料施加强大压力，使厚金属材料从凹模孔内或凸、凹模间隙挤出而形成制件的工序

2.2 冷冲压模具零部件的名称与定义

2.2.1 冷冲压模具的技术标准

冷冲压模具设计的标准化、典型化是缩短模具制造周期、简化模具设计的有效方法，是应用模具 CAD/CAM 的前提，是模具工业化和现代化的基础。国家标准化委员会对冷冲压模具先后制定了冲模基础标准、冲模产品（零件）标准和冲模工艺质量标准等，见表 2-2。

表 2-2　冷冲压模具技术标准

标准类型	标准名称	标准号	简要内容
冲模基础标准	冲模术语	GB/T 8845—2006	对常用冲模类型、组成零件及零件的结构要素、功能等进行了定义性的阐述。每个术语都有中英文对照
	冲压件尺寸公差	GB/T 13914—2013	给出了技术经济性较合理的冲压件尺寸公差、几何公差
	冲压件角度公差	GB/T 13915—2013	
	冲裁间隙	GB/T 16743—2010	给出了合理冲裁间隙范围
冲模产品（零件）标准	冲模零件	GB/T 2855.1~2—2008	冲模滑动导向对角、中间、后侧、四导柱上模座及其下模座
		GB/T 2856.1~2—2008	冲模滚动导向对角、中间、后侧、四导柱上模座及其下模座
		GB/T 2861.1~11—2008	各种导柱、导套等
		JB/T 7646.1~6—2008 JB/T 5825~5830—2008	模柄，圆凹、凸模，快换圆凸模等
		JB/T 7643~7652—2008	通用固定板、垫板、小导柱、各式模柄、导正销、侧刃、导料板、始用挡料装置；钢板滑动与滚动导向对角、中间、后侧、四导柱上模座及其下模座和导柱、导套等
	冲模模架	GB/T 2851—2008	滑动导向对角、中间、后翻、四导柱模架
		GB/T 2852—2008	滚动导向对角、中间、后翻、四导柱模架
冲模工艺质量标准	冲模技术条件	GB/T 14662—2006	各种模具零件制造和装配技术要求，以及模具验收的技术要求等
	冲模模架技术条件	JB/T 8050—2008 JB/T 8070—2008 JB/T 8071—2008	模架零件制造和装配技术要求，以及模架验收的技术要求等

2.2.2 冷冲压模具的零件分类

按冷冲压模具零件的功能分，可将组成冲模零件的结构分为两大类——工艺结构零件与辅助结构零件。

（1）工艺结构零件。这类零件直接参与完成冲压工艺过程并和坯料直接发生作用。包括工作零件，定位零件，压料、卸料及送料零件。

（2）辅助结构零件。这类零件不直接参与完成工艺过程，也不和坯料直接发生作用，只对模具完成工艺过程起保证作用或对模具的功能起完善作用。包括固定零件、导向零件、标准紧固件及其他零件。

冷冲压模具零件分类见表2-3。

表2-3 冷冲压模具零件分类

		分类	名称	作用
冲模零件	工艺结构零件	工作零件	凸模	直接决定制件的形状及尺寸
			定距侧刃	
			凹模	
			凸凹模	
			镶件、镶块	
			软模	
		定位零件	定位销	确定毛坯、工序件或条料在模具中的位置
			定位板	确定板件或制件在模具中的位置
			挡料销	控制条料的送进距离
			导正销	控制制件的内、外形位置精度
			导料板	控制条料在模具中的送进方向
			侧压板	消除板料与导料板侧面之间的间隙
			限位块、柱	限制冲压行程
		压料、卸料、送料零件	卸料板	从工件零件上卸下制件或废料
			推件块	从上凹模中推出制件或废料
			顶件块	从下凹模中推出制件或废料
			顶杆	直接或间接向上顶出制件或废料
			推板	在打杆与连接推杆间传递推力
			推杆	向下推出制件或废料
			打杆	穿过模柄孔,把压力机滑块上打杆横梁的力传给推板
			压料板	压住毛坯或条料以控制材料流动
			压边圈	拉深模或成形模中,用以压紧板料边缘
	辅助结构零件	固定零件	上模座	用于装配与支撑上模所有零部件并安装到滑块上
			下模座	用于装配与支撑下模所有零部件
			固定板	用于安装和固定工作零件
			垫板	承受和分散冲压载荷
			模柄	将上模部分安装到压力机上
			斜楔	变换运动方向并固定零件

（续表）

分类		名称	作用
冲模零件	辅助结构零件		
		导向零件	导柱	与导套配合对上、下模合模导向
		导套	与导柱配合对上、下模合模导向
		导板	导正上、下模零件相对位置
		凸模保护套	加强细长凸模强度
	标准紧固件及其他零件	螺钉	紧固
		键、销	定位连接
		超重钉（柄）	便于起重
		滑块	改变运动方向
		凸轮	
		铰链接头	

2.2.3　冷冲压模具的零件名称

冷冲压模具组成零件名称见表 2-4。

表 2-4　冷冲压模具组成零件名称

标准条目	术语（英文）	定义
1	上模（Upper die）	安装在压力机滑块上的模具部分
2	下模（Lower die）	安装在压力机工作台面上的模具部分
3	模架（Die set）	上、下模座与导向件的组合件
3.1	通用模架（Universal die）	通常指应用最广、已形成标准化的模架
3.2	快换模架（Quick change die set）	通过快速更换凹、凸模和定位零件，以完成不同冲压工序和冲制多种制件，并对需求做出快速响应的模架
3.3	后侧导柱模架（Back-pillar die set）	导向件安于上、下模座后侧的模架
3.4	对角导柱模架（Diagonal-pillar die set）	导向件安于上、下模座对焦点上的模架
3.5	中间导住模架（Center-pillar die set）	导向件安于上、下模座左右对角点上的模架
3.6	精冲模架（Fine blanking die aet）	适用于精冲、刚性好、导向精度高的模架
3.7	滑动导向模架（Sliding guide die set）	上、下模采用滑动导向件导向的横架
3.8	滚动导向模架（Ball-bearing die set）	上、下模采用滚动导向件导向的模架
3.9	弹压导板模架（Die set with spring guide plate）	上、下模采用带有弹压装置导板导向的模架
4	I 作零件（Working component）	直接对板料进行冲压加工的零件
4.1	凸模（Punch）	一般冲压加工制件内孔或内表面的工作零件
4.2	定距侧刃（Pitch punch）	级进模中，为确定板料的送进步距，其侧边冲切出一定形状缺口的工作零件
4.3	凹模（Die）	一般冲压加工制件外形或外表面的工作零件
4.4	凸凹模（Main punch）	同时具有凸模和凹模作用的工作零件

（续表）

标准条目	术语（英文）	定义
4.5	镶件（Insert）	分离制造并镶嵌在主体上的局部工作零件
4.6	拼块（Section）	分离制造并镶嵌成凹模或凸模的工作零件
4.7	软模（Soft die）	有液体、气体、橡胶等柔性物质构成的凸模或凹模
5	定位零件（Locating component）	确定板料、制件或模具零件在冲模中正确位置的零件
5.1	定位销（Locating pin）	确定板料或制件正确位置的圆柱形零件
5.2	定位板（Locating plate）	确定板料或制件正确位置的板状零件
5.3	挡料销（Stop pin）	确定板料送进距离的圆柱形零件
5.4	始用挡料销（Finger stop pin）	确定板料进给起始位置的圆柱形零件
5.5	导正销（Pilot pin）	与导正孔配合，确定制件正确位置和消除送料误差的圆柱形零件
5.6	抬料销（Lifter pin）	具有抬料作用，有时兼具板料送进导向作用的圆柱形零件
5.7	导料板（Stocl guide rail）	确定板料送进方向的板料零件
5.8	侧刃挡板（Stop block for pitch punch）	承受板料对定距侧刃的侧压力，并起挡料作用的板块状零件
5.9	止退键（Stop key）	支撑受侧向力的凸凹模的块状零件
5.10	侧压板（Side-push plate）	消除板与导料板侧面间隙的板状零件
5.11	限位块（Limit block）	限制冲压行程的块状零件
5.12	限位柱（Limit post）	限制冲压行程的柱状零件
6	压料、卸料、送料零件（Components for clamping, stripping and feeding）	压住板料和卸下或推出制件与废料的零件
6.1	卸料板（Stripper plate）	从凸模或凸凹模上卸下制件与废料的板状零件
6.1.1	固定卸料板（Fixed strippcr plate）	固定在冲模上位置不动，有时兼具凸模导向作用的卸料板
6.1.2	弹性卸料板（Spring stripper plate）	借助弹性零件起卸料、压料作用，有时兼具保护凸模并对凸模起导向作用的卸料板
6.2	推件块（Ejector block）	从上凹模中推出制件或废料的块状零件
6.3	顶尖块（Kicker block）	从下凹模中顶出制件或废料的块状零件
6.4	顶杆（Kicker pin）	直接或间接向上顶出制件或废料的杆状零件
6.5	推板（Ejector plate）	在打杆与连接推杆间传递推力的板状零件
6.6	推杆（Ejector pin）	向下推出制件或废料的杆状零件
6.7	连接推杆（Ejector tie rod）	连接推板与推件块并传递推力的杆状零件
6.8	打杆（Knock-out pin）	穿过模柄孔，把压力机滑块上打杆横梁的力传给推板的杆状零件
6.9	卸料螺钉（Stripper bolt）	连接卸料板并调节卸料板卸料行程的杆状零件
6.10	拉杆（Tie rod）	固定于上模座并向托板传递卸料行程的杆状零件
6.11	托杆（Cushion pin）	连接托板并向托板传递卸料力的杆状零件
6.12	托板（Support plate）	装于下模座并将弹顶器或拉杆的力传递给顶杆和托杆的板状零件
6.13	废料切断刀（serap cutter）	冲压过程中切断废料的零件
6.14	弹顶器（Cushion）	向压边圈或顶件块传递顶出力的装置
6.15	承料板（Stoc-supporting plate）	对装入模具之前的板料起支撑作用的板状零件

标准条目	术语（英文）	定义
6.16	压料板（Prcssurcplate）	把板料推贴在凸模或凹模上的板状零件
6.17	压边圈（Blanker holder）	拉深模或成形模中，为调节材料流动阻力，防止起皱而压紧板料边缘的零件
6.18	齿圈压板（Vee-ring plate）	精冲模中，为形成很强的三向压应力状态，防止板料在冲切层上滑动和冲裁表面出现撕裂现象而采用的齿形强力压圈零件
6.19	推料板（Slide feed plate）	将制件推入下一工位的板状零件
6.20	自动送料装置（Automatic feeder）	将板料连续定距送进的装置
7	导向零件（Guide component）	保证运动导向和确定上、下模相对位置的零件
7.1	导柱（Guide pillar）	与导套配合，保证运动导向和确定上、下模相对位置的圆柱形零件
7.2	导套（Cuide hush）	与导柱配合，保证运动导向和确定上、下模相对位置的圆套形零件
7.3	滚珠导柱（Ball-bearing guide pillar）	通过钢珠保护圈与滚珠导套配合，保证运动导向和确定上、下模相对位置的圆柱形零件
7.4	滚珠导套（Ball-bearing guide bush）	与滚珠导柱配合，保证运动导向和确定上、下模相对位置的圆套形零件
7.5	钢珠保护圈（Cage）	保持钢珠均匀排列，实现滚珠导柱与导套滚动配合的圆套型零件
7.6	止动件（Retainer）	将钢球保持圈限制在导柱上或导套内的限位零件
7.7	导板（Guide plate）	为导正上、下模各零件相对位置而采用的淬硬或嵌有润滑材料的板状零件
7.8	滑块（Slide block）	在斜楔的作用下沿变换后的运动方向做往复滑动的零件
7.9	耐磨板（Wear plate）	镶嵌在某些运动零件导滑面上的淬硬或嵌有润滑材料的板状零件
7.10	凸模保护套（Punch-protecting bushing）	小孔冲裁时，用于保护细长凸模的衬套零件
8	固定零件（Retaining componcnt）	将凸凹模固定于上、下模，以及将上、下模固定在压力机上的零件
8.1	上模座（Punch holder）	用于装配与支撑上模所有零部件的模架零件
8.2	下模座（Die holder）	用于装配与支撑下模所有零部件的模架零件
8.3	凸模固定板（Punch plate）	用于安装和固定凸模的板状零件
8.4	凹模固定板（Die punch）	用于安装和固定凹模的板状零件
8.5	预应力圈（Shrinking ring）	为提高凹模强度，在其外部与之过盈配合的圆套形零件
8.6	垫板（Bolster plate）	设在凸凹模与模座之间，承受和分散冲压载荷的板状零件
8.7	模柄（Die shank）	使模具与压力机的中心线重合，并把上模固定在压力机滑块上的连接零件
8.8	浮动模柄（Self-centering shank）	可自动定心的模柄
8.9	斜楔（Cam driver）	通过斜面变换运动方向的零件

2.3　冷冲压模具的装配与调试

模具的装配就是根据模具的结构特点和技术条件，按照一定的装配顺序和方法，将符合图样技术要求的零件，经协调安装，组装成满足使用要求的模具。在装配过程中，既要保证零件的配合精度，又要保证零件之间的位置精度，对于具有相对运动的零（部）件，还必须保证它们之间的运动精度。因此，模具装配是最后实现冲模设计和冲压工艺的过程，是模具制造过程中的关键工序。模具装配质量直接影响制件的冲压质量、模具的使用和模具的寿命。

2.3.1 冷冲压模具装配工艺要点

模具一般属于单件生产。有些组成模具实体的零件在制造过程中是按照图样标注的尺寸和公差独立进行加工的（如落料凹模、冲孔凸模、导柱和导套、模柄等），这类零件一般都是直接进入装配；有些零件在制造过程中只有部分尺寸可以按照图样标注尺寸进行加工，须协调相关尺寸；有的在进入装配前须采用配制或合体加工方式，有的需在装配过程中通过配制取得协调，图样上标注的部分尺寸只作为参考（如模座的导套或导柱固装孔，多凸模固定板上的凸模固装孔，以及须连接固定在一起的板件螺栓孔、销钉孔等）。

因此，模具装配适合于采用集中装配方式，在装配工艺上多采用修配法和调整装配法来保证装配精度。从而实现利用精度不高的组成零件，达到较高的装配精度，降低零件的加工要求。

冷冲压模具装配工艺要点如下所述。

（1）选择装配基准件。

在装配时，先要选择基准件。选择基准件的原则是按照模具主要零件加工时的依赖关系来确定。可作为装配基准件的主要有凸模、凹模、凸凹模、导向板及固定板等。

（2）组件装配。

组件装配是指模具在总装前，将两个以上的零件按照规定的技术要求连接成一个组件的装配工作。组件是按照各零件所具有的功能进行组装的，如模架的组装，凸模、凹模与固定板的组装等。

（3）总体装配。

总体装配是将零件和组件结合成一副完整的模具的过程。在总装前，应选好装配的基准件和安排好上、下模的装配顺序。

（4）调整凹、凸模间隙。

在装配模具时，必须严格控制及调整凹、凸模间隙的均匀性。间隙调整好后，才能紧固螺钉及销钉。

（5）检验、调试。

模具装配完毕后，必须保证装配精度，满足规定的各项技术要求。并要按照模具验收技术条件，检测模具各部分的功能。最后在实际生产条件下进行试模，并按试模生产制件情况进行调整、修正模具。当试模合格后，模具加工、装配才算完成。

2.3.2 冷冲压模具装配顺序的确定

为了便于校对模具，总装前应合理确定上、下模的装配顺序，以防出现不便调整的情况。上、下模的装配顺序与模具的结构有关。一般先装基准件，然后再装其他零件，装配时要将间隙调整均匀。不同结构的模具装配顺序如下。

1．无导向装置的冲模

这类模具上、下模的相对位置是在压力机上安装时调整的，工作过程中由压力机的导轨精度来保证，因此装配时上、下模可以独立进行，装配后做相应调整。

2．有导柱的单工序模

这类模具装配相对较简单。如果模具结构是凹模安装在下模座上，则一般先将凹模安装在下模上，再将凸模与凸模固定板装在一起，然后依据下模部分配装上模部分。其装配路线采用：导套装配→模柄装配→模架→装配下模部分→装配上模部分→试模。或者采用：导柱装配→模架→装配下模部分→装配上模部分→试模的装配路线。

3．有导柱的级进模

通常导柱导向的级进模都以凹模作装配基准件（如果凹模是镶拼式结构，应先组装镶拼式凹模），先将凹模装配在下模座上，凸模与凸模固定板装在一起，再以凹模为基准，调整好间隙，将凸模固定板安装在上模座上，经试冲合格后，再钻、铰定位销孔。

4．有导柱的复合模

复合模结构紧凑，模具零件加工精度较高，模具装配难度较大，特别是装配对内、外有同轴度要求的模具更是如此。复合模属于单工位模具，其装配程序和装配方法相当于在同一工位上先装配冲孔模，然后以冲孔模为基准，再装配落料模。基于此原理，装配复合模应遵循如下原则。

（1）复合模装配应以凸凹模作为装配基准件。先将装有凸凹模的固定板用螺栓和销钉安装，固定在指定模座的相应位置上；再按凸凹模的内形装配、调整冲孔凸模固定板的相对位置，使冲孔凹、凸模间的间隙趋于均匀，用螺栓固定；然后再以凸凹模的外形为基准，装配、调整落料凹模相对于凸凹模之间的位置，调整好间隙后再用螺栓固定好。

（2）试冲无误后，分别将冲孔凸模固定板与模座、落料凹模与模座配钻、配铰销孔，然后将定位销打入孔内定位。

2.3.3　冷冲压模具的调试

1．模具调试的目的

模具试冲、调整简称调试。调试的目的如下。

（1）鉴定模具的质量。通过调试验证由该模具生产的产品质量是否符合要求，确定该模具是否可以交付生产使用。

（2）帮助确定产品的成形条件和工艺规程。模具通过试冲与调整，才能生产出合格的产品。设计员可以在试冲过程中，掌握和了解模具使用性能、产品成形条件、方法和规律，从而对产品批量生产时制定合理的工艺规程提供帮助。

（3）帮助确定成形零件毛坯形状、尺寸及用料标准。在冲模设计中，有些形状复杂或精度要求较高的冲压成形零件，很难在设计时精确地计算出变形前毛坯的尺寸和形状，为了要得到较准确的毛坯形状、尺寸及用料标准，只有通过反复试冲才能确定。

（4）帮助确定工艺和模具设计中的某些尺寸。对于形状复杂或精度要求较高的冲压成形零件，在工艺和模具设计中，有个别难以用计算方法确定的尺寸，如拉深模的凹、凸模圆角半径等，必须经过试冲，才能准确确定。

（5）通过调试，发现问题、解决问题、积累经验，有助于进一步提高模具设计和制造水平。

2．冲模调试要点

（1）模具闭合高度调试。模具应与冲压设备配合安装，保证模具应有的闭合高度和开启高度。

（2）导向机构的调试。导柱、导套要有好的配合精度，保证模具运动平稳、可靠。

（3）凹、凸模刃口及间隙调试。刃口锋利，间隙要均匀。

（4）定位装置的调试。定位要准确、可靠。

（5）卸料及出件装置的调试。卸料及出件要通畅，不能出现卡滞现象。

模具装配是一项技术性很强的工作。传统的装配作业主要靠手工操作，机械化程度低。在装配过程中常要反复多次进行上模与下模的搬运、翻转、装卸、起合、调整、试模，劳动强度大。对于那些结构复杂、精度要求高或大型的模具，则越显突出。为了减轻劳动强度，提高模具装配的机械化程度和装配质量，缩短装配周期，国外进行模具装配时较广泛地采用模具装配机，国内也已经开发使用。

2.3.4 冷冲压模具装配的技术要求

（1）模架精度应符合国家标准（JB/T 8050—2008《冲模模架技术条件》、JB/T 8071—2008《冲模模架精度检查》）规定。模具的闭合高度符合图样的规定要求。

（2）装配好的冲模，上模沿导柱上、下滑动应平稳、可靠。

（3）凸模、凹模等与固定板的配合一般按 GB/T 1800.4—1999 中的 H7/n6 或 H7/m6 选取。

（4）凹、凸模间的间隙应符合图样要求，分布均匀。凸模或凹模的工作行程应符合技术条件的规定。

（5）定位和挡料装置的相对位置应符合图样要求。冲模导料板之间距离需与图样规定一致；导料面应与凹模进料方向的中心线平行；带侧压装置的导料板，其侧压板应滑动灵活，工作可靠。

（6）卸料和顶件装置的相对位置应符合设计要求，工作面不允许有倾斜或单边偏摆，以保证制件或废料能及时卸下和顺利顶出。

（7）紧固件装配应牢固可靠，螺栓螺纹旋入长度在钢件连接时应不小于螺栓的直径，铸件连接时应不小 1.5 倍螺栓直径；销钉与每个零件的配合长度应大于 1.5 倍销钉直径；销钉的端面不应露出上、下模座等零件的表面。

（8）落料孔或出料槽应畅通无阻，保证制件或废料能自由排出。

（9）标准件应能互换。紧固螺钉和定位销钉与相应孔的配合应正常、良好。

（10）模具在压力机上的安装尺寸须符合选用设备的要求。

（11）质量超过 20kg 的模具应设吊环螺钉或起吊孔。起吊零件应牢固可靠，确保安全吊装。

（12）模具应在生产条件下进行试验，冲出的制件应符合设计要求。

2.4　冷冲压模具的寿命与制造成本

2.4.1　冷冲压模具的寿命

冷冲压模具的寿命是指模具在保证产品质量的情况下，所能加工的制件的总数量，它包括工作面的多次修磨和易损件更换后的寿命，即

模具寿命=工作面的一次寿命×修磨次数×易损件的更换次数

一般在模具设计阶段就应明确该模具所适应的生产批量类型或者模具生产制件的总次数，即模具的设计寿命。不同类型的模具正常损坏的形式也不一样，但总的来说工作表面损坏形式有摩擦损坏、塑性变形、开裂、疲劳损坏和啃伤等。

1. 影响模具寿命的主要因素

（1）模具结构

合理的模具结构有助于提高模具的承载能力，减轻模具承受的热-机械载荷水平。例如，模具可靠的导向机构，对于避免凸模和凹模间的互相啃伤是有帮助的。又如，承受高强度载荷的冷镦和冷挤压模具，对应力集中十分敏感，当承力件截面尺寸变化时，最容易由于应力集中而开裂。因此，对截面尺寸变化的处理是否合理，对模具寿命影响较大。

（2）模具材料

应根据零件生产批量的大小来选择模具材料。生产批量越大，对模具的寿命要求也越高，因此应选择承载能力强、服役时间长的高性能模具材料。另外应注意模具材料的冶金质量可能造成的工艺缺陷及工作时承载能力的影响，采取必要措施来弥补冶金质量的不足，以提高模具寿命。

（3）模具加工质量

模具零件在机械加工、电火花加工，以及锻造、预处理、淬火硬化，在表面处理时的缺陷都会对模具的耐磨性、抗咬合能力、抗断裂能力产生显著的影响。例如，模具表面粗糙度、残存的刀痕、电火花加工的显微裂纹、热处理时的表层增碳和脱碳等缺陷都对模具的承载能力和寿命带来影响。

（4）模具工作状态

模具工作时，使用设备的精度与刚度、润滑条件、被加工材料的预处理状态、模具的预热和冷却条件等都对模具寿命产生影响。例如，薄料的精密冲裁对压力机的精度、刚度尤为敏感，必须选择高精度、高刚度的压力机，才能获得良好的效果。

（5）产品制件状态

被加工零件材料的表面质量状态、材料硬度、断后伸长率等力学性能，被加工零件的

尺寸精度都与模具寿命有直接的关系。如镍的质量分数为 80%的特殊合金在成形时，极易和模具工作表面发生强烈的咬合现象，使工作表面咬合拉毛，直接影响模具能否正常工作。

2．提高冲压模具寿命的措施

（1）优选模具材料

在满足模具零件使用性、工艺性和经济性的条件下，结合模具的使用特点，考虑冲压零件的生产批量，根据各种材料的硬度、强度、韧性、耐磨性及疲劳强度等性能特点，优选出合适的模具材料，可大大增加模具寿命。

（2）改善模具结构

① 合理选择模具间隙。模具间隙对模具寿命影响较大，因此设计时应综合考虑具体要求合理选择模具间隙。

② 保证结构刚度。模具必须具有足够的刚度和可靠的导向，否则模具在工作中，不能保证凹、凸模间的动态间隙和工作精度，会出现凹、凸模相互卡死和啃伤，影响模具寿命。

③ 采用组合式凹、凸模。采用组合式凹、凸模，可有效减少应力集中，延缓疲劳裂纹的产生，延长模具的寿命。

④ 减轻工作载荷。通过制定合理的冲压加工工艺，设计出经济合理的模具结构，减轻模具的工作载荷。

（3）制定合理的冲压工艺

合理安排冲压工序，选用冲压成形性能好、厚度均匀、表面质量较高的冲压材料，安排必要的润滑和热处理等辅助工序，可以大大简化模具设计与制造过程，提高模具寿命。

（4）制定合理的热加工工艺

对模具冷热加工工序作适当的调整；根据热处理变形规律调整淬火前的预留加工余量；合理制定热处理的加热速度、加热温度、保温时间、冷却方法、冷却介质、回火温度、回火时间等，可以实现对变形的有效控制，延长模具寿命。

2.4.2 冷冲压模具的制造成本

模具制造成本是指企业为生产和销售模具支付费用的总和。模具制造成本包括原材料费、外购件费、加工费、外购件费、设备折旧费、经营开支等。从性质上分为制造成本、非制造成本和制造外成本，通常讲的模具制造成本是指与模具制造过程有直接关系的制造成本。

1．影响模具制造成本的主要因素

（1）模具结构的复杂程度和模具功能的高低。现代科学技术的发展使得模具向高精度和多功能自动化方向发展，相应使模具制造成本提高。

（2）模具精度的高低。模具的精度和刚度越高，模具制造成本也越高。模具精度和刚度应该与客观需要的产品要求、生产批量要求相适应。

（3）模具材料的选择。模具制造成本中，模具材料费在模具制造成本中占 25%～30%，特别是因模具工作零件材料类别的不同，相差较大。所以应该正确地选择模具材料，使模具工作零件的材料类别首先应该和要求的模具寿命相协调，同时应采取各种措施充分发挥材料的效能。

（4）模具加工设备。模具加工设备向高效、高精度、高自动化、多功能发展，这使模具成本相应提高。但是，这些是维持和发展模具生产所必需的，应该允许发挥这些设备的效能，提高设备的使用效率。

（5）模具的标准化程度和企业生产的专门化程度。这些都是制约模具制造成本和生产周期的重要因素，应通过模具工业体系的改革有计划、有步骤地解决。

2．降低模具制造成本的措施

模具设计与制造一定要考虑制造成本，即经济性问题。就是以最小的耗费取得最大的经济效果。既要保证产品质量，又要完成所需的产品数量，还要降低模具的制造费用，这样才能使整个冲压的成本得到降低。

产品的成本不仅与材料费（包括原材料费、外购件费）、加工费（包括工人工资、能源消耗、设备折旧费、车间经费等）有关，而且与模具费有关。一副模具少则上千，多则上百万，所以必须采取有效措施降低模具设计与制造成本。

（1）采用工序分散的工艺方案

试制和小批量冲压生产中，降低模具费是降低成本的有效措施。除制件质量要求严格，必须采用价高的正规模具外，一般采用工序分散的工艺方案。选择结构简单、制造快且价格低廉的单工序模，用焊接、机械加工及钣金等方法制成，这样可降低成本。

（2）采用合理化工艺

冲压生产中，工艺合理是降低成本的有力手段。节约加工工时，降低材料费用，就必然会降低模具总成本。

在制定工艺时，工序的分散与集中是比较复杂的问题。它取决于零件的批量、结构（形状）、质量要求、工艺特点等。单工序模的模具结构简单，制造方便，但是生产率低，对于复杂零件不适合。级进模是多工位、高效率的一种加工方法。级进模一般轮廓尺寸较大，制造复杂，成本较高，适合于大批量、小型冲压件模具制造。大批量生产时应尽量把工序集中起来，采用复合模。既能提高生产率，又能安全生产。集中到一副模具上的工序数量不宜太多，对于复合模，一般为 2～3 道工序，最多 4 道工序，对于级进模，集中的工序可以多一些。

（3）采用一次冲压多个工件

产量较大时，采用多件同时冲压，可使模具费、材料费和加工费降低，同时可使成形表面所受拉力均匀化。

（4）采用冲压过程的自动化及高速化

从安全和降低成本两方面来看，自动化生产将成为冲压加工的发展方向，将来不仅在大批量生产中采用自动化，在小批量生产中也可采用自动化。

（5）提高材料利用率

在冲压生产中，工件的原材料费约占制造成本的一半，所以节约原材料，合理利用废料具有非常重要的意义。提高材料利用率，降低模具制造分摊费用也是降低制造成本的重要措施之一，特别是材料单价高的工件，此点尤为重要。降低制件材料费用的方法如下。

① 在满足零件强度和使用要求的情况下，减少材料厚度。

② 改进毛坯形状以便合理排样。

③ 减少搭边，采用少废料或无废料排样。

④ 由单列排样改为多列排样。

⑤ 多件同时成形，成形后再切开。

⑥ 组合排样。

⑦ 利用废料。

（6）节约模具费

模具费在零件制造成本中占有一定比例。对于小批量生产，采用单工序模可降低零件制造成本。在大批量生产中，应尽量采用高效率、长寿命的级进模及采用硬质合金冲模。硬质合金冲模的刃磨寿命和总寿命比钢制模具长得多，其总寿命为钢制模具的 20～40 倍，而模具制造成本仅为钢制模具的 2～4 倍。对于中批量模具生产，首先应尽量使冲模工艺标准化，尽量使用冲模标准件和冲模典型结构，最大限度地缩短冲模设计与制造周期。

模具的技术经济指标，包括精度和刚度、生产周期、模具制造成本以及模具寿命等，它们之间是互相影响和互相制约的，而且影响因素也是多方面的。在实际生产过程中要根据产品零件和客观需要综合平衡，抓住主要矛盾，求得最佳的经济效益，满足生产的需要。

第 3 章　冲裁工艺与冲裁模的设计

冲裁是利用模具使冲压件与板料沿一定轮廓线分离的冲压工序。冲裁在冲压生产中所占的比例非常大，有着非常重要的地位。冲裁时所使用的模具称为冲裁模。

根据变形机理的不同，冲裁可分为普通冲裁和精密冲裁两大类。普通冲裁是由凸凹模刃口之间产生裂缝的形式实现板料分离，而精密冲裁则是以变形的形式实现板料的分离。通常所说的冲裁是指普通冲裁。

冲裁工艺的种类很多，常用的有切断、落料、冲孔、切边、切舌、剖切、整形和精冲等，所以冲裁是分离工序的总称，其中以落料和冲孔应用最多。落料是沿工件的外形封闭轮廓线冲切，冲下部分为工件。冲孔是沿工件的内形封闭轮廓线冲切，冲下部分为废料，封闭轮廓线以外的材料为工件或工序件。

3.1　冲裁件工艺分析

冲裁件工艺分析的目的是判断模具要生产的冲制产品的技术信息是否适合模具生产，是否与模具生产的特征相适应。工艺分析通常包含三个方面内容：第一是产品材料分析；第二是产品结构分析；第三是产品精度分析。

3.1.1　产品材料分析

适合冲压加工的材料很多，尽管具体的冲压方法不同，对产品材料的要求也不一样，但都必须有良好的冲压成形性能。

1. 材料的冲压成形性能

材料对各种冲压成形方法的适应能力称为材料的冲压成形性能。材料的冲压性能好，就是指其便于冲压加工，一次冲压工序的极限变形程度和总的极限变形程度大，生产率高，成本低，容易得到高质量的冲压件，并使模具寿命延长等。由此可见，冲压成形性能是一个综合性概念，它涉及的因素很多，但就其主要内容来看，有两方面：第一是成形极限，第二是成形质量。

（1）成形极限

在冲压成形过程中，材料能达到的最大变形程度称为成形极限。对于不同的成形工艺，成形极限是采用不同的极限变形系数来表示的。由于大多数冲压成形都是在板厚方向上的应力数值近似为零的平面应力状态下进行的。因此，不难分析：在变形坯料内部，凡是受到过大拉应力作用的区域，就会使坯料局部严重变薄，甚至拉裂而使冲件报废；凡是受到过大压应力作用的区域，若超过了临界应力就会使坯料丧失稳定而起皱。因此，从材料方面来看，为了提高成形极限，就必须提高材料的塑性指标和增强抗拉、抗压能力。

（2）成形质量

冲压件的质量指标主要是尺寸精度、厚度变化、表面质量以及成形后材料的物理力学性能等。影响工件质量的因素很多，不同的冲压工序情况又各不相同。

材料在塑性变形的同时总伴随着弹性变形，当载荷卸除后，由于材料的弹性回复，造成制件的尺寸和形状偏离模具，影响制件的尺寸和形状精度。因此，掌握回弹规律，控制回弹量是非常重要的。

冲压成形后，一般板厚都要发生变化，有的是变厚，有的是变薄。变薄直接影响冲压件的强度和使用，对强度有要求时，往往要限制其最大变薄量。

材料经过塑性变形后，除产生加工硬化现象外，还由于变形不均，造成残余应力，从而引起工件尺寸及形状的变化，严重时还会引起工件的自行开裂。所有这些情况，在制定冲压工艺时都应予以考虑。

2．板材冲压成形性能的试验方法

板料的冲压成形性能具体包括抗破裂性、贴模性和定形性。抗破裂性是指板料在各种冲压成形工艺中在达到最大变形程度（成形极限）前抵抗破裂的能力。贴模性是指板料在冲压过程中取得与模具形状相同的能力。定形性是指零件脱模后保持其在模内既得形状的能力。

板料的冲压成形性能是通过试验来测定的。板料的冲压性能试验方法很多，大致可分为间接试验和直接试验两类。

间接试验方法有拉伸试验、剪切试验、硬度试验、金相试验等，由于试验时试件的受力情况与变形特点都与实际冲压时有一定的差别，因此这些试验所得结果只能间接反映出板料的冲压成形性能。但由于这些试验通过试验设备即可进行，故常采用。

直接试验方法有反复弯曲试验、胀形性能试验和拉深试验等。这类试验方法试样所处的应力状态和变形特点基本上与实际冲压过程相同，所以能直接可靠地鉴定板料某类冲压成形的性能，但需要专用试验设备或工装。

（1）间接试验

在万能材料试验机上安装板料拉伸标准试样（如图 3-1 所示）进行拉伸试验，根据实验结果或利用自动记录装置，可得到如图 3-2 所示的应力与应变之间的关系曲线和拉伸曲线。可测得屈服强度、强度极限等力学指标。材料力学性能与冲压性能有密切关系。一般来说，板料的强度指标越高，产生相同变形量所需的力就越大；塑性指标越高，成形时所能承受的极限变形量就越大；刚性指标越高，成形时抗失稳、抗起皱的能力就越大。

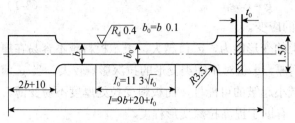
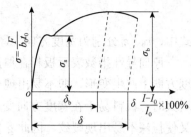

图 3-1　拉伸试验用的标准试样　　　　　图 3-2　关系曲线和拉伸曲线

① 屈服强度 σ_s。屈服强度 σ_s 小，材料容易屈服，则变形抗力小，产生相同变形所需变形力就小，并且当压缩变形时，屈服强度小的材料因易于变形而不易起皱，对弯曲变形则回弹小。

② 屈服比 σ_s/σ_b。屈服比小，说明 σ_s 值小而 σ_b 值大，即容易产生塑性变形而不易拉裂，即从产生屈服至拉裂有较大的塑性变形区间。尤其是对压缩类变形中的拉伸变形，具有重大影响，当变形抗力小而强度高时，变形区的材料易于变形不易起皱，传力区的材料又有较高强度而不易拉裂，有利于提高拉深变形的变形程度。

③ 伸长率。拉伸试验中，试样拉断时的伸长率称总伸长率或简称伸长率 δ。而试样开始产生局部集中变形（缩颈时）的伸长率称均匀伸长率 δ_u。δ_u 表示板料产生均匀或稳定的塑性变形的能力，它直接决定板料在伸长类变形中的冲压成形性能。从实验中得到验证，大多数材料的翻孔变形程度都与均匀伸长率成正比。可以得出结论：伸长率或均匀伸长率是影响翻孔或扩孔成形性能的最主要参数。

④ 硬化指数 n。单向拉伸硬化曲线可用公式表示：

$$s=Ke^{n}$$

其中，指数 n 即为硬化指数，表示在塑性变形中材料的硬化程度。n 值较大时，说明在变形中材料加工硬化严重，真实应力增大。

板料拉伸时，整个变形过程是不均匀的，先是产生均匀变形，然后出现集中变形，形成缩颈，最后被拉断。在拉伸过程中，一方面材料断面尺寸减小使承载能力降低，另一方面由于加工硬化使变形抗力提高，又提高了材料的承载能力。在变形的初始阶段，硬化的作用是主要的。因此材料上某处的承载能力，在变形中得到加强。变形总是遵循阻力最小定律，即“弱区先变形”的原则，变形总是在最弱面处进行，这样变形区就不断转移。因而，变形不是集中在某一个局部断面上进行，在宏观上就表现为均匀变形，承载能力不断提高。但是根据材料的特性，板料的硬化是随变形程度的增加而逐渐减弱的，当变形进行到一定时刻，硬化与断面减小对承载能力的影响恰好相等时，此时最弱断面的承载能力不再得到提高，于是变形开始集中在这一局部地区进行，不能转移出去，发展成为缩颈，直至拉断。可以看出，当 n 值较大时，材料加上硬化严重，硬化使材料强度的提高得到加强，于是增大了均匀变形的范围。对伸长类变形如胀形，n 值大的材料变形均匀，变薄减小，厚度分布均匀，表面质量好，增大了极限变形程度，使零件不易产生裂纹。

⑤ 厚向异性指数 g。由于板料轧制时出现的纤维组织等因素，板料的塑性会因方向不同而出现差异，这种现象称为塑性各向异性。厚向异性指数是指单向拉伸试样宽度应变和厚度应变之比，即

$$g = \varepsilon_b / \varepsilon_t \tag{3-1}$$

式中，ε_b、ε_t 分别为宽度方向、厚度方向的应变。

厚向异性指数表示板料在厚度方向上的变形能力，g 值越大，表示板料越不容易在厚度方向上产生变形，即不易出现变薄或增厚，g 值对压缩类变形的拉深影响较大。当 g 值增大时，板料易于在宽度方向变形，可减小起皱的可能性，而板料受拉处厚度不易变薄，又使拉深不易出现裂纹，因此 g 值大时，有助于提高拉深变形程度。

⑥ 板平面各向异性指数 Δg。板料在不同方位上的厚向异性指数不同，造成板平面内各向异性，用 Δg 表示，即

$$\Delta g = (g_0 + g_{90} + g_{45}) / 4 \tag{3-2}$$

式中，g_0、g_{90}、g_{45} 分别为纵向试样、横向试样和与轧制方向呈 45° 角试样厚向异性指数。该指数是材料的各向异性造成的，它既浪费材料又要增加一道修边工序。

（2）直接试验

直接试验又称模拟试验，是直接模拟某一种冲压成形方式进行的，故试验所得的结果能较为可靠地反映板料的冲压成形性能。直接试验的方法很多，下面简要介绍几种较为重要的试验方法。

① 弯曲试验。弯曲试验的目的是鉴定板料的弯曲性能。常用的弯曲试验是往复弯曲试验，将试样夹持在专用试验设备的钳口内，反复折弯直至出现裂纹，如图 3-3 所示。弯曲半径 r 越小，往复弯曲的次数越多，材料的成形性能就越好。这种试验主要用于鉴定厚度在 2mm 以下的板料。

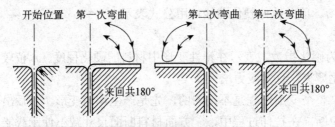

开始位置　第一次弯曲　　　　　第二次弯曲　第三次弯曲

来回共180°　　　　来回共180°

图 3-3　往复弯曲试验

② 胀形试验。鉴定板料胀形成形性能的常用试验方法称为胀形试验（杯突试验）。

试验原理如图 3-4 所示。试验时将符合试验尺寸的板料试样 2 放在压料圈 3 与凹模 1 之间压紧，使凹模孔口外受压部分的板料无法流动。然后用试验规定的球形凸模 4 将试样压入凹模内，占至试样出现裂缝为止，测量此时试样上的凸模深度 IE 作为胀形性能指标。IE 值越大，表示板料的胀形性能越好。

③ 拉深试验。鉴定板料拉深成形性能的试验方法主要有筒形件拉深试验。图 3-5 所示为筒形件拉深试验（又称冲杯试验）的原理，依次用不同直径的圆形试样（直径级差为 1mm）放在带压边装置的试验用拉深模中进行拉深，在试样不破裂的条件下，取可能拉深成功的最大试样直径 D_{max} 与凸模直径 d_T 的比值 K_{max} 作为拉深性能指标，即

$$K_{max} = D_{max} / d_T \tag{3-3}$$

式中，K_{max} 称为最大拉深程度值（也称为极限拉深比）。K_{max} 越大，则板料的拉深成形性能越好。

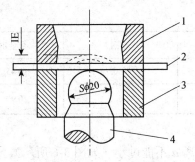

图 3-4 胀形试验（杯突试验）

1—凹模；2—板料试样；3—压料圈；4—球形凸模

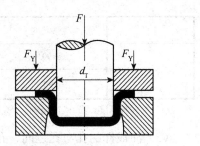

图 3-5 筒形件拉深试验（冲杯试验）的原理

3. 冷冲压常用材料

冷冲压最常用的材料是金属板料，金属板料分为黑色金属板料和有色金属板料两种，有时也用非金属板料。

冷冲压用材料的形状最常用的是板料。板料有热轧和冷轧两种轧制状态。一般板料的尺寸较大，用于大型零件的冲压。常见尺寸规格有 500mm×1 500mm，710mm×1 420mm，900mm×1 800mm，1 000mm×2 000mm 等。

冷冲压用材料也用条料、带料及块料等。条料是根据冲压件的需要，由板料剪裁而成，用于中小型零件的冲压；带料（又称卷料）主要是薄料，有各种不同的宽度和长度为卷状供应，适用于大批量生产中的自动送料中使用；特殊情况下可采用块料，块料适用于单件小批生产和价值昂贵的有色金属的冲压生产。

冷冲压常用材料分类及牌号等详见第 2.1.3 小节。

3.1.2 产品结构分析

产品就是指冲裁件。冲压加工对产品结构有一定的要求，不同的冲压成形方法的具体要求不一样，主要针对产品的形状、孔洞、沟槽、外凸部位等。

冲裁件的工艺性是指冲裁件对冲裁工艺的适应性。对冲裁件工艺性影响最大的是制件的结构形状、精度要求、几何公差及技术要求等。冲裁件合理的工艺性应能满足材料较省、工序较少、模具加工较易、寿命较长、操作方便及产品质量稳定等要求。冲裁件的工艺性应考虑以下几点。

（1）冲裁件的形状应尽可能简单、对称，避免形状复杂的曲线。

（2）冲裁件各直线或曲线的连接处应尽可能避免锐角，严禁尖角，一般应有 $R > 0.5t$（t 为材料厚度）以上的圆角。具体冲裁件的最小圆角半径允许值见表 3-1，如果是少、无废料排样冲裁，或者采用镶拼模具时，则可不要求冲裁件有圆角。

表 3-1 冲裁件的最小圆角半径　　　　　　　　　　（单位：mm）

工序	连接角度	黄铜、纯铜、铝	软钢	合金钢
落料	≥90°	0.18t	0.25t	0.35t
	<90°	0.35t	0.50t	0.70t

工序	连接角度	黄铜、纯铜、铝	软钢	合金钢
冲孔	≥90°	0.20t	0.30t	0.45t
	<90°	0.40t	0.60t	0.90t

注：t 为材料厚度，当 t<1mm 时，均以 t=1mm 计算。

（3）冲裁件的孔与孔之间、孔与边缘之间的距离 a 不能过小（如图 3-6 所示），一般当孔边缘与制件外形边缘不平行时，a≥t；平行时，a≥1.5t。

（4）冲孔尺寸也不宜太小，否则凸模强度不够。常见材料冲孔的最小尺寸见表 3-2。

表 3-2　常见材料冲孔的最小尺寸　　　　　　　　（单位：mm）

材料	自由凸模冲孔		精密导向凸模冲孔	
	圆形	矩形	圆形	矩形
硬钢	1.3t	1.0t	0.5t	0.4t
软钢及黄铜	1.0t	0.7t	0.35t	0.3t
铝	0.8t	0.5t	0.3t	0.28t
酚醛层压布（纸）板	0.4t	0.35t	0.3t	0.25t

注：t 为材料厚度（mm）。

（5）冲裁件凸出悬臂和凹槽宽度 b 不宜过小，伸出的悬臂不宜过长（如图 3-7 所示）。一般硬钢 b 不小于（1.5～2.0）t，黄铜、软钢 b 不小于（1.0～1.2）t，纯铜、铝的 b 不小于（0.8～0.9）t。$L_{max}≤5b$。

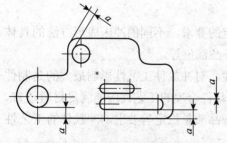

图 3-6　冲裁件的孔距及孔边距图

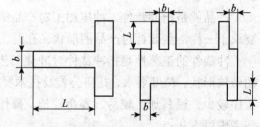

图 3-7　冲裁件的凸出悬臂和凹槽部分尺寸

（6）在弯曲件或拉深件上冲孔时，孔边与制件直边之间的距离 L 不能小于制件圆角半径 r 与一半料厚 t 之和，即 L≥r+0.5t。

（7）用条料冲裁两端带圆弧的制件时，其圆弧半径 R 应大于条料宽度 B 的一半，即 R≥0.5B。

（8）冲裁件的经济公差等级不高于 IT11，一般要求落料件公差等级最好低于 IT10，冲孔件公差等级最好低于 IT9。冲裁件的尺寸公差、孔中心距的公差见表 3-3 和表 3-4。

表 3-3　冲裁件内形与外形尺寸公差　　　　　（单位：mm）

材料厚度	普通冲裁模				高级冲裁模			
	零件尺寸							
	<10	10～50	50～150	50～300	<10	10～50	50～150	50～300
0.2～0.5	$\frac{0.08}{0.05}$	$\frac{0.10}{0.08}$	$\frac{0.14}{0.12}$	0.02	$\frac{0.025}{0.02}$	$\frac{0.03}{0.04}$	$\frac{0.05}{0.08}$	0.08
0.5～1	$\frac{0.12}{0.05}$	$\frac{0.16}{0.08}$	$\frac{0.22}{0.12}$	0.30	$\frac{0.03}{0.02}$	$\frac{0.04}{0.04}$	$\frac{0.06}{0.08}$	0.10
1～2	$\frac{0.18}{0.06}$	$\frac{0.22}{0.10}$	$\frac{0.30}{0.16}$	0.50	$\frac{0.04}{0.03}$	$\frac{0.06}{0.06}$	$\frac{0.08}{0.10}$	0.12
2～4	$\frac{0.24}{0.08}$	$\frac{0.28}{0.12}$	$\frac{0.40}{0.20}$	0.70	$\frac{0.06}{0.04}$	$\frac{0.08}{0.08}$	$\frac{0.10}{0.12}$	0.15
4～6	$\frac{0.30}{0.10}$	$\frac{0.10}{0.08}$	$\frac{0.50}{0.25}$	1.00	$\frac{0.10}{0.06}$	$\frac{0.12}{0.10}$	$\frac{0.15}{0.15}$	0.20

注：1. 表中分子为外形的公差值，分母为内孔的公差值。
　　2. 普通冲裁模是指模具工作部分、导向部分零件按 IT7、IT8 级制造，高级冲裁模按 IT5、IT6 级制造。

表 3-4　冲裁件孔中心距公差　　　　　（单位：mm）

材料厚度	普通冲裁模			高级冲裁模		
	孔中心距基本尺寸					
	<50	50～150	150～300	<50	50～150	150～300
<1	±0.10	±0.15	±0.20	±0.03	±0.05	±0.08
1～2	±0.12	±0.20	±0.30	±0.04	±0.06	±0.10
2～4	±0.15	±0.25	±0.35	±0.06	±0.08	±0.12
4～6	±0.20	±0.30	±0.40	±0.08	±0.10	±0.15

注：具体情况参看冲压件公差等级及极限偏差内容。

3.1.3　产品精度分析

　　尽管模具是高精度产品，但模具生产的产品精度不一定很高，这是因为受到产品材料性能、成形方法、模具加工精度等多方面因素的影响。一般冲压产品的公差等级应低于 IT10，否则要改变模具结构和大幅提高模具制造成本。在产品精度分析时应结合具体的产品应用情况分析。

3.2　确定工艺方案

　　确定工艺方案，首先要确定冲裁的工序数、冲裁工序的组合以及冲裁工序的顺序安排。冲裁的工序数一般易确定，关键是确定冲裁工序的组合及冲裁工序的顺序安排。

1．冲裁工序的组合

　　冲裁工序的组合方式可分为单工序冲裁、复合冲裁和级进冲裁。对应的模具是单工序模、复合模、级进模（也称连续模或跳步模）。

单工序模、复合模和级进模的比较见表 3-5。

表 3-5　单工序模、复合模和级进模的比较

比较项目	单工序模		复合模	级进模
	无导向	有导向		
零件公差等级	低	一般	可达 IT8～IT10 级	可达 IT10～IT13 级
零件平面度	差	一般	压料较好，冲件平整	不平整，质量要求较高时需平整
冲裁件最大尺寸和材料厚度	尺寸和厚度不受限制	中小型尺寸，厚度较大	尺寸在 300mm 以下，厚度为 0.05～3mm	尺寸在 250mm 以下，厚度为 0.1～6mm
使用高速自动压力机的可能性	不能使用	可以使用	操作时出件困难，不作推荐	可在行程次数 400 次/min 左右高速压力机上工作
生产率	低	较低	冲件或废料落到或被顶到模具工作台面上，必须手动或机械清理，生产率稍低	工序间可自动送料，冲件和废料一般从下模漏下，生产率高
多排冲压法的应用	不采用	很少采用	很少采用	冲件尺寸小时应用较多
安全性	不安全，须采取安全措施	不安全，须采取安全措施	安全，须采取安全措施	比较安全
适用冲裁件批量	小批量	中小批量	大批量	大批量
模具制造工作量和成本	低	比无导向的稍高	冲裁复杂形状制件时比级进模低	冲裁简单形状制件时比复合模低

冲裁工序的组合方式一般可根据下列因素确定。

（1）按生产批量。一般小批量和试制生产采用单工序模，中大批量生产采用复合模或级进模。

（2）按冲裁件尺寸和公差等级。复合冲裁得到的冲裁件尺寸精度等级高，而且是先压料后冲裁，冲裁件较平整。级进冲裁比复合冲裁的精度等级低。

（3）按冲裁件尺寸形状的适应性。冲裁件的尺寸较小，单工序冲裁送料不方便、生产率低。常采用复合冲裁或级进冲裁。尺寸中等的冲裁件，因制造多副单工序模的费用比复合模昂贵，则采用复合冲裁；当冲裁件上的孔与孔或孔与边缘间的距离过小时，不宜采用复合冲裁或单工序冲裁，宜采用级进冲裁，见表 3-5。

（4）按模具制造安装调整的难易和成本的高低。复杂形状的冲裁件采用复合冲裁比采用级进冲裁较为适宜，因模具制造安装调整比较容易，且成本较低。

（5）按操作是否方便与安全。复合冲裁出件或清除废料较困难，工作安全性较差，级进冲裁较安全。

2．冲裁工序的顺序

一般可按下列原则确定冲裁工序顺序。

（1）各工序的先后顺序应保证每道工序的变形区为相对弱区，同时非变形区应为相对强区不参与变形。当冲压过程中坯料上的强区与弱区对比不明显时，对零件有公差要求的部位应在成形后冲出。

（2）采用侧刃定距时，定距侧刃切边工序与首次冲孔同时进行，以便控制送料步距。采用两个定距侧刃时，可安排成一前一后，也可并列安排。

（3）前工序成形后得到的符合零件图样要求的部分，在以后各道工序中不得再发生变形。

（4）工件上所有的孔，只要其形状和尺寸不受后续工序的影响，都应在平面坯料上先冲出。先冲小的孔可以作为后续工序的定位使用，而且可使模具结构简单，生产率高。

（5）对于带孔的或有缺口的冲裁件，如果选用单工序冲裁，一般先落料再冲孔或切口；使用级进冲裁时，则应先冲孔或切口，后落料。

（6）对于带孔的弯曲件，孔边与弯曲变形区的间距较大时，可以先冲孔，后弯曲。如果孔边在弯曲变形区附近或以内，则必须在弯曲后再冲孔。孔之间间距受弯曲回弹影响时，也应先弯曲后冲孔。

（7）对于带孔的拉深件，一般来说，都是先拉深，后冲孔，但孔的位置在零件的底部，且孔径尺寸相对筒体直径较小并要求不高时，也可先在坯料上冲孔，再拉深。

（8）工件须保留整形或校平等工序时，均应安排在工件基本成形以后进行。

3.2.1　单工序模

单工序模是指压力机在一次行程中只完成一道工序的冲裁模，如落料、冲孔、切边、剖切等。单工序模可同时有多个凸模，但其完成的工序类型相同。设计单工序模需考虑下列问题。

（1）模具结构与模具材料是否与冲裁件批量相适应。

（2）模架或模具零件应尽量选用标准件。

（3）模架的平面尺寸应与模块平面尺寸和压力机台面尺寸（或垫板开孔大小）相适应。

（4）落料模的送料方向（模送、直送）要与选用的压力机相适应。

（5）模具上应安装闭合高度限位块，便于校模和存放，模具工作时限位块不应受压。

（6）对称工件的冲模架应保证上、下模的正确装配，如采用直径不同的导柱。

（7）弯曲件的落料模，排样时应考虑材料的纤维方向。

（8）刃口尖角处宜用拼块，这样既便于加工，也可防止应力集中导致开裂。

（9）单面冲裁的模具，应在结构上采取措施使凸模和凹模的侧向力相互平衡，避免让模架的导柱、导套受侧向力。

（10）拼块不能依靠定位销承受侧向力，要采用方键或将拼块嵌入模座沉孔内。

（11）卸料螺钉装配时，必须确保卸料板与有关模板保持平行。

（12）安装于模具内的弹簧，在结构上应能保证弹簧断裂时不致蹦出伤人。

（13）两侧无搭边的无废料、少废料冲裁工艺，只能推料进给而不能拉料进给，有较长一段料尾不能利用，如条料长度有限，则需仔细核算。

（14）冲孔模应考虑放入和取出冲制零件方便安全。

（15）多凸模冲孔时，邻近大凸模的细小凸模，应比大凸模在长度尺寸上短于冲制件料厚，若作成相同长度则容易折断。

3.2.2 复合模

1．复合模的特点

（1）冲制零件精度较高，不受送料误差影响，内外形相对位置一致性好。

（2）冲制零件表面较为平整。

（3）适宜冲薄料，也适宜冲脆性或软质材料。

（4）可充分利用短料和边角余料。

（5）冲模面积较小。

2．复合模的设计要点

（1）复合模中必定有一个（或几个）凸凹模，凸凹模是复合模的核心零件。冲制零件精度比单工序模冲出的精度高，一般冲裁件公差等级可达到 IT10、IT11。

（2）复合模冲出的制件均由模具型口中推出，制件比较平整。

（3）复合模的冲制零件比较复杂，各种机构都围绕模具工作部位设置，所以其闭合高度往往偏高，在设计时尤其要注意。

（4）复合模的成本偏高，制造周期长，一般适合生产较大批量的冲压件。

（5）设计复合模时要确保凸凹模的自身强度，尤其要注意凸凹模的最小壁厚。为了增加凸凹模的强度和减少孔内废料的胀力，可以采用对凸凹模有效刃口以下增加壁厚和将废料反向顶出的办法，如图 3-8 所示。

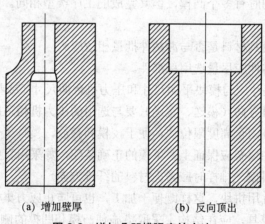

(a) 增加壁厚　　　　　　　(b) 反向顶出

图 3-8　增加凸凹模强度的方法

（6）复合模的推件装置形式多样，在设计时应注意打板及推块活动量要足够，而且二者的活动量应当一致，模具在开起状态下推块应露出凹模 0.2～0.5mm。

（7）复合模中适用的模柄有多种形式，即压入式、旋入式、凸缘式、浮动式等均可选用，应保证模柄装入模座后配合良好，有足够的稳定性，不能因为设置退料机构而降低模柄强度，或过度增大模具闭合高度。

3．复合模正装和倒装的比较

常见的复合模结构有正装和倒装两种。图 3-9 所示为正装式复合模，图 3-10 所示为倒装式复合模。复合模正装和倒装的比较见表 3-6。

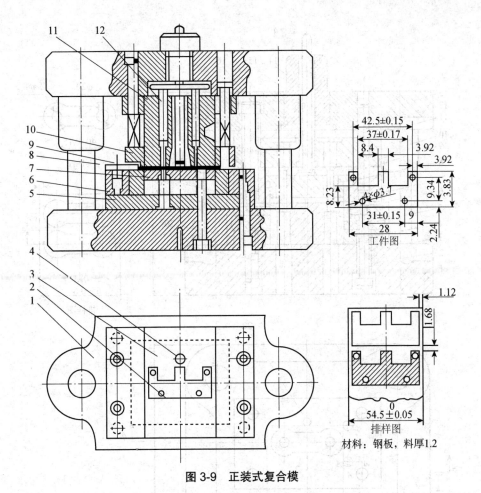

图 3-9 正装式复合模

1—下模座；2、3—凹模拼块；4—挡料销；5—凸模固定板；6—凹模框；7—顶件板；8—凸模；9—导料板；

10—弹压卸料板；11—凸凹模；12—推杆

表 3-6 复合模正装和倒装的比较

序号	正装	倒装
1	凸凹模安装在上模	凸凹模安装在下模
2	出料、出件装置三套，顶件装置顶出冲件，冲孔废料由推件装置的打杆打出，操作不方便，不安全	出料、出件装置两套，推件装置推出冲件，冲孔废料直接由凸凹模的孔漏下，操作方便，能装自动拨料装置，既能提高生产率又能保证安全生产
3	凸凹模孔内不积存废料，孔内废料的胀力小，有利于减小凸凹模最小壁厚	废料在凸凹模孔内积聚，凸凹模要求有较大的壁厚以增加强度
4	先压紧后冲裁，对于材质软、薄冲件能达到平整要求	板料不是处在被压紧的状态下冲裁，不能达到平整要求
5	可冲工件的孔边距离较小	不宜冲制孔边距离较小的冲裁件
6	装凹模的面积较大，有利于复杂冲件用拼块结构	如凸凹模较大，可直接将凸凹模固定在底座上省去固定板
7	结构复杂	结构相对简单

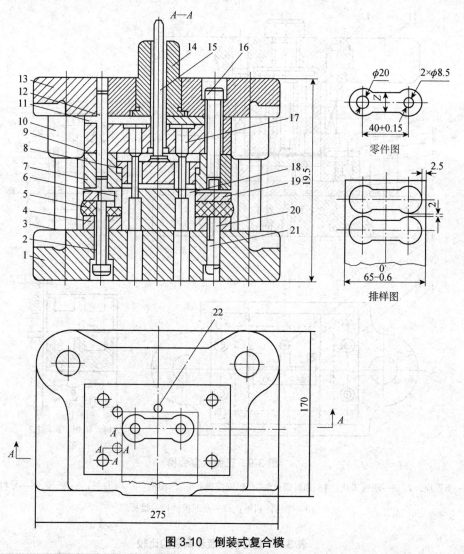

图 3-10　倒装式复合模

1—下模板；2—卸料螺钉；3—导柱；4—固定板；5—橡胶；6—导料销；7—落料凹模；8—推件块；9—固定板；
10—导套；11—垫板；12、20—销钉；13—上模板；14—模柄；15—打杆；16、21—螺钉；17—冲孔凸模；
18—凸凹模；19—卸料板；22—定位销

3.2.3　级进模

1．级进模的特点

级进模是指压力机在一次行程中，依次在几个不同的位置上同时完成多道工序的模具，它具有操作安全、模具强度较高、寿命较长的显著特点。使用级进模便于冲压生产自动化，可以采用高速压力机生产。级进模较难保证制件内、外形相对位置的一致性。

2．级进模设计要点

（1）排样设计

排样设计是级进模设计的关键之一，排样图的优化与否，不仅关系到材料的利用率、工件的精度、模具制造的难易程度和使用寿命等，而且关系到模具各工位的协调与稳定。具体参看第 4.6 节介绍的多工位级进模设计。

（2）步距结构设计

级进模任何相邻两工位的距离必须相等，步距的精度直接影响冲制零件的尺寸精度。影响步距精度的因素主要有冲压件的精度等级、形状复杂程度、冲压件材质和厚度、工位数、冲制时条料的送进方式和定距形式等。级进模的定距方式有导正销定距、挡料销定距、侧刃定距及自动送料机构定距四种类型。导正销定距（见图 3-11）是级进模中应用最为普遍的定距方式，但此方式需要与其他辅助定距方式配合使用。挡料销定距多适用于产品精度要求低、尺寸较大、板料厚度较大（大于 1.2mm）、产量低的手工送料的普通级进模。

侧刃定距（见图 3-12）是在条料的一侧或两侧冲切定距槽，定距槽的长度等于步距长度，其定距精度比挡料销定距高。

自动送料机构间距是使用专用的送料机构，配合压力机冲程运动，使条料作定时、定量地送料。

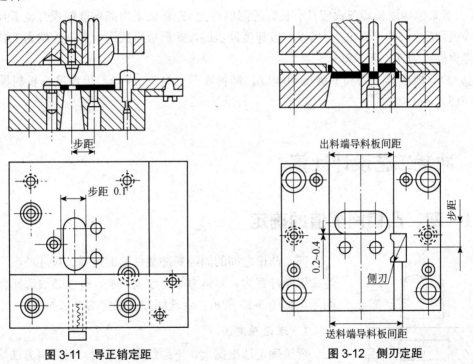

图 3-11　导正销定距　　　　**图 3-12　侧刃定距**

（3）导料结构设计

为了使条料通畅、准确地送进，在级进模中必须使用导料系统。导料系统一般包括左、右导料板、承料板、条料侧压机构等。导料系统直接影响模具冲压的效率与精度。选用导料系统应考虑冲压件的特点、排样图上各工位的安排、压力机的速度、送料形式、模具结构特点等因素，并结合卸料装置进行考虑。

导料板一般沿条料送进方向安装在凹模型孔的两侧，对条料进行导向。

（4）卸料结构设计

卸料装置除起卸料作用外，对于不同冲压工序还有不同的作用。在冲裁工序中，可起到压料作用；在弯曲工序中，可起到局部成形作用；在拉深工序中同时起到压边圈作用。卸料装置对于凸模还可起到导向和保护作用。

卸料装置可分为固定卸料和弹性卸料两种，在级进模中使用弹性卸料装置时，一般要在卸料板与固定板之间安装小导柱、导套进行导向。在设计多工位级进模卸料装置时，应注意以下原则。

① 在多工位级进模中，卸料板极少采用整体结构，而是采用镶拼结构。这有利于保证型孔精度、孔距精度、配合间隙、热处理等要求，它的镶拼原则基本上与凹模相同，在卸料板基体上加工一个通槽，各拼块对此通槽按基孔制配合加工，所以基准性好。

② 卸料板各工作型孔同心，卸料板各型孔与对应凸模的配合间隙只有凸凹模冲裁间隙的 $1/4 \sim 1/3$。高速冲压时，卸料板与凸模间隙要求取较小值。

③ 卸料板各工作型孔应较光洁，其表面粗糙度 R_a 值一般应取 $0.1 \sim 0.4 \mu m$。冲压速度越高，表面粗糙度值越小。

④ 多工位级进模卸料板应具有良好的耐磨性能。卸料板采用高强度钢或合金工具钢制造，淬火硬度为 $56 \sim 58HRC$。当以一般速度冲压时，卸料板可选用中碳钢或碳素工具钢制造，淬火硬度为 $40 \sim 45HRC$。

⑤ 卸料板应具有必要的强度和刚度。卸料板凸台高度 h＝导料板厚度－板料厚度＋$(0.3 \sim 0.5)$ mm。

3.3 冲裁工艺设计计算

3.3.1 凹、凸模间隙值的确定

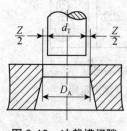

图 3-13 冲裁模间隙

凹、凸模之间的间隙对冲裁件断面质量、尺寸精度、模具寿命以及冲裁力、卸料力等有较大影响，所以必须选择合理的间隙，如图 3-13 所示。合理间隙值确定的方法如下。

1. 理论确定法

理论确定法根据上、下裂纹重合原则，用几何方法推导，实际使用意义不大。

2. 经验确定法

经验确定法一般采用查表的方法确定。查表 3-7～表 3-9，查表时注意以下几点。

（1）对冲裁件质量要求高时选用较小间隙值，查表 3-7。

（2）对冲裁件质量要求一般时采用较大间隙值，查表 3-8。

（3）对于公差等级小于 IT14，断面无特殊要求的冲件采用较大间隙值，查表 3-9。

表 3-7　冲裁模初始双边间隙 Z（电器、仪表行业用）　　　（单位：mm）

材料厚度	软铝		纯铜、黄铜、软钢（w_c=0.08%～0.2%）		杜拉铝、中等硬钢（w_c=0.3%～0.4%）		硬钢（w_c=0.5%～0.6%）	
	Z_{min}	Z_{max}	Z_{min}	Z_{max}	Z_{min}	Z_{max}	Z_{min}	Z_{max}
0.2	0.008	0.012	0.010	0.014	0.012	0.016	0.014	0.018
0.3	0.012	0.018	0.015	0.021	0.018	0.024	0.021	0.027
0.4	0.016	0.024	0.020	0.028	0.024	0.032	0.028	0.036
0.5	0.020	0.030	0.025	0.035	0.030	0.040	0.035	0.045
0.6	0.024	0.036	0.030	0.042	0.036	0.048	0.042	0.054
0.7	0.028	0.042	0.035	0.049	0.042	0.056	0.049	0.063
0.8	0.032	0.048	0.040	0.056	0.048	0.064	0.056	0.072
0.9	0.036	0.054	0.045	0.063	0.054	0.072	0.063	0.081
1.0	0.040	0.060	0.050	0.070	0.060	0.080	0.070	0.090
1.2	0.050	0.084	0.072	0.096	0.084	0.108	0.096	0.120
1.5	0.075	0.105	0.090	0.120	0.105	0.135	0.120	0.150
1.8	0.090	0.126	0.108	0.144	0.126	0.162	0.144	0.180
2.0	0.100	0.140	0.120	0.160	0.140	0.180	0.160	0.200
2.2	0.132	0.176	0.154	0.198	0.176	0.220	0.198	0.242
2.5	0.150	0.200	0.175	0.225	0.200	0.250	0.225	0.275
2.8	0.168	0.224	0.196	0.252	0.224	0.280	0.252	0.308
3.0	0.180	0.240	0.210	0.270	0.240	0.300	0.270	0.330
3.5	0.245	0.315	0.280	0.350	0.315	0.385	0.350	0.420
4.0	0.280	0.360	0.320	0.400	0.360	0.440	0.400	0.480
4.5	0.315	0.405	0.360	0.450	0.405	0.490	0.450	0.540
5.0	0.350	0.450	0.400	0.500	0.450	0.550	0.500	0.600
6.0	0.480	0.600	0.540	0.660	0.600	0.720	0.660	0.780
7.0	0.560	0.700	0.630	0.770	0.700	0.840	0.770	0.910
8.0	0.720	0.880	0.800	0.960	0.880	1.040	0.960	1.120
9.0	0.870	0.990	0.900	1.080	0.990	1.170	1.080	1.260
10.0	0.900	1.100	1.000	1.200	1.100	1.300	1.200	1.400

表 3-8　冲裁模初始双边间隙 Z（汽车、拖拉机行业用）　　　（单位：mm）

材料厚度	08、10、35、09Mn，Q235		16Mn		40、50		65Mn	
	Z_{min}	Z_{max}	Z_{min}	Z_{max}	Z_{min}	Z_{max}	Z_{min}	Z_{max}
<0.5	极小间隙（或无间隙）							
0.5	0.040	0.060	0.040	0.060	0.040	0.060	0.040	0.060
0.6	0.048	0.072	0.048	0.072	0.048	0.072	0.048	0.072
0.7	0.064	0.092	0.064	0.092	0.064	0.092	0.064	0.092
0.8	0.072	0.104	0.072	0.104	0.072	0.104	0.064	0.092
0.9	0.090	0.126	0.090	0.126	0.090	0.126	0.090	0.126
1.0	0.100	0.140	0.100	0.140	0.100	0.140	0.090	0.126
1.2	0.126	0.180	0.132	0.180	0.132	0.180		
1.5	0.132	0.240	0.170	0.240	0.170	0.230		
1.75	0.220	0.20	0.220	0.320	0.220	0.320		
2.0	0.246	0.360	0.260	0.380	0.260	0.380		
2.1	0.260	0.380	0.280	0.400	0.280	0.400		
2.5	0.360	0.500	0.380	0.540	0.380	0.540		

（续表）

材料厚度	08、10、35、09Mn，Q235		16Mn		40、50		65Mn	
	Z_{min}	Z_{max}	Z_{min}	Z_{max}	Z_{min}	Z_{max}	Z_{min}	Z_{max}
<0.5	极小间隙（或无间隙）							
2.75	0.400	0.560	0.420	0.600	0.420	0.600		
3.0	0.460	0.640	0.480	0.660	0.480	0.660		
3.5	0.540	0.740	0.580	0.780	0.580	0.780		
4.0	0.640	0.880	0.680	0.920	0.680	0.920		
4.5	0.20	1.000	0.680	0.960	0.780	1.040		
5.5	0.940	1.280	0.780	1.100	0.980	1.320		
6.0	1.080	1.440	0.840	1.200	1.140	1.150		
6.5			0.940	1.300				
8.0			1.200	1.680				

注：冲裁皮革、石棉和纸板时，间隙取 08 钢的 25%。

表 3-9　冲裁件公差等级低于 IT14 时推荐用的冲裁大间隙

料厚 t/mm	（08、10、20、Q235）	(45、2A12、12Cr18Ni9、40Cr13)	硬料（T8A、T10A、65Mn）
0.2～1	$(0.12\sim0.18)\,t$	$(0.15\sim0.20)\,t$	$(0.18\sim0.24)\,t$
>1～3	$(0.15\sim0.20)\,t$	$(0.18\sim0.24)\,t$	$(0.22\sim0.28)\,t$
>3～6	$(0.18\sim0.24)\,t$	$(0.20\sim0.26)\,t$	$(0.24\sim0.30)\,t$
>6～10	$(0.20\sim0.26)\,t$	$(0.24\sim0.30)\,t$	$(0.26\sim0.32)\,t$

3.3.2　凹、凸模刃口尺寸的确定

1．确定凹、凸模刃口尺寸的原则

（1）设计落料模时先确定凹模刃口尺寸，以凹模为基准，间隙取在凸模上，即冲裁间隙通过减小凸模刃口尺寸来取得。设计冲孔模时先确定凸模刃口尺寸，以凸模为基准，间隙取在凹模上，即冲裁间隙通过增大凹模刃口尺寸来取得。

（2）考虑刃口磨损对冲裁件尺寸的影响；刃口磨损后尺寸变大，其刃口的公称尺寸应接近或等于冲裁件的下极限尺寸；刃口磨损后尺寸减小，应取接近或等于冲裁件的上极限尺寸。

（3）不管落料还是冲孔，冲裁间隙一般选用最小合理间隙值 Z_{min}。

（4）考虑冲裁件公差等级与模具公差等级间的关系，在选择模具制造公差时，既要保证冲裁件的公差等级要求，又要保证有合理的间隙值。一般冲模公差等级比冲裁件公差等级高 2～3 级。

（5）工件尺寸公差与冲模刃口尺寸的制造偏差原则上都应按"入体"原则标注为单向公差，所谓"入体"原则，是指标注工件尺寸公差时应向材料实体方向单向标注。但对磨损后无变化的尺寸，一般标注双向偏差。

2．凹、凸模分别加工时的工作部分尺寸的计算

落料时凹、凸模刃口尺寸公式为

$$D_A = (D_{max} - x\Delta)_0^{+\delta_A} \tag{3-4}$$

$$D_T = (D_A - Z_{min})_{-\delta_T}^0 = (D_{max} - x\Delta - Z_{min})_{-\delta_T}^0 \qquad (3\text{-}5)$$

冲孔时凹、凸模刃口尺寸公式为

$$d_T = (d_{min} + x\Delta)_{-\delta_T}^0 \qquad (3\text{-}6)$$

$$d_A = (d_T + Z_{min})_0^{+\delta_A} \mid = (d_{min} + x\Delta + Z_{min})_0^{+\delta_A} \qquad (3\text{-}7)$$

式中，D_A、D_T 为落料凹、凸模刃口尺寸（mm）；

D_T、d_A 为冲孔凹、凸模刃口尺寸（mm）；

D_{max} 为落料件的上极限尺寸（mm）；

d_{min} 为冲孔件的下极限尺寸（mm）；

Δ 为冲裁件的公差（mm）；

Z_{min} 为最小初始双面间隙；

δ_T、δ_A 为凹、凸模的制造公差，可查表3-10，或取 $\delta_T \leq 0.4(Z_{max}-Z_{min})$、$\delta_A \leq 0\text{-}6(Z_{max}-Z_{min})$；

x 为磨损系数，为 0.5~1，与工件精度有关，可查表3-11 或按下列值选取。工件公差等级 IT10 以上，$x=1$；工件公差等级 IT11~IT13，$x=0.75$；工件公差等级 IT14，$x=0.5$。

采用分别加工法时，因为要分别标注凹、凸模刃口尺寸与公差，所以无论冲孔或落料，为了保证间隙值，必须验算下列条件，即

$$|\delta_T| + |\delta_A| \leq (Z_{max} - Z_{min}) \qquad (3\text{-}8)$$

如果不满足上式，稍不满足时，可适当调整 δ_T、δ_A 值以满足上述条件，这时，可取 $\delta_T \leq 0.4(Z_{max}-Z_{min})$、$\delta_A \leq 0.6(Z_{max}-Z_{min})$，如果相差很大，则应采用配合加工法。

凹、凸模分别加工法的优点是凹、凸模具有互换性，制造周期短，便于成批制造。其缺点是模具的制造公差小，模具制造困难，成本较高。特别是单件生产时，采用这种方法更不经济。

表 3-10　规则形状（圆形、方形件）冲裁时凹、凸模的制造偏差　　（单位：mm）

公称尺寸	凸模偏差 δ	凹模偏差 δ	公称尺寸	凸模偏差 δ	凹模偏差 δ
≤18	-0.020	+0.020	>180~260	-0.030	+0.045
>18~30	-0.020	+0.025	>260~360	-0.035	+0.050
>30~80	-0.020	+0.030	>360~500	-0.040	+0.060
>80~120	-0.025	+0.035	>500	-0.050	+0.070
>120~180	-0.030	+0.040			

表 3-11　x 系数值

材料厚度 t/mm	非圆形			圆形	
	1	0.75	0.5	0.75	0.5
	工件公差 Δ/mm				
≤1	<0.16	0.17~0.35	≥0.36	<0.16	≥0.16
>1~2	<0.20	0.21~0.41	≥0.42	<0.20	≥0.20
>3~4	<0.24	0.25~0.49	≥0.50	<0.24	≥0.24
>4	<0.30	0.31~0.54	≥0.60	<0.30	≥0.30

3．凹、凸模配合加工时工作部分尺寸的计算公式

配合加工时凸模与凹模的间隙依靠配作加工来保证。其方法是先按设计尺寸制造一

个基准（凸模或凹模），然后根据基准件的实际刃口尺寸按所需的间隙配作另外一件。这样就只须计算基准件的刃口尺寸及公差，而另一件只须在图样上注明按基准件配作加工，并给出间隙值即可。这种方法不仅容易保证间隙，而且制造加工也比较容易，因此在工厂的实际制作中得到了广泛运用。它特别适合于计算各种复杂几何形状的凹、凸模刃口尺寸。

落料件按凹模为基准件，冲孔件按凸模为基准件。因为凸模、凹模刃口磨损后尺寸有增大、减小和不变的几种情况，所以具体计算也分三种情况来进行。

（1）凸模或凹模磨损后尺寸会增大的尺寸。一般落料凹模计算公式为

$$A_j = (A_{max} - x\Delta)_0^{+\delta_A} \tag{3-9}$$

（2）凸模或凹模磨损后尺寸会变小的尺寸。一般冲孔凸模计算公式为

$$B_j = (B_{min} - x\Delta)_{-\delta_A}^0 \tag{3-10}$$

（3）凸模或凹模磨损后尺寸基本不变的尺寸。按简单形状的孔心距尺寸计算为

$$C_j = (C_z + 0.5\Delta) \pm 0.5\delta_A \tag{3-11}$$

式中，A_j、B_j、C_j 为相应的基准体公称尺寸（mm）；A_{max} 为工件的上极限尺寸（mm）；B_{min} 为工件的下极限尺寸（mm）；G_z 为工件的中间尺寸（mm）；Δ 为工件的公差（mm）；δ_A 为凹模的制造公差，通常取 $\delta_A = \Delta/4$；x 为磨损系数。

曲线形状的冲裁凹、凸模的制造公差见表 3-12。

制件为非圆形时，冲裁凹、凸模的制造公差见表 3-13。

如果是落料，计算出的落料凹模尺寸及公差标注在凹模图样上，而落料凸模尺寸无须计算，只要在凸模图样上标明公称尺寸并注明"凸模刃口尺寸按凹模实际刃口尺寸配作，保证双面最小间隙 Z_{min}"即可。

如果是冲孔，则冲孔时应以凸模为基准来配作凹模。

表 3-12　曲线形状的冲裁凹、凸模的制造公差　（单位：mm）

工作要求	工作部分最大尺寸		
	≤150	>150～500	>500
普通精度	0.2	0.35	0.5
高精度	0.1	0.2	0.3

注：1. 本表所列公差，只在凸模或凹模一个零件上标注，而另一个零件则注明配作间隙。
　　2. 本表适用于汽车、拖拉机行业。

表 3-13　制件为非圆形时冲裁凹、凸模的制造公差　（单位：mm）

工件公称尺寸及公差等级		Δ	$x\Delta$	制造公差		工件公称尺寸及公差等级		Δ	$x\Delta$	制造公差	
IT10	IT11			凸模	凹模	IT13	IT14			凸模	凹模
1～3		0.040	0.040	0.010		1～3		0.140	0.105	0.030	
3～6		0.048	0.048	0.012		3～6		0.180	0.135	0.040	
6～10		0.058	0.058	0.014		6～10		0.220	0.160	0.050	
	1～3	0.060	0.045	0.015		10～18		0.270	0.200	0.060	

（续表）

工件公称尺寸及公差等级		Δ	xΔ	制造公差		工件公称尺寸及公差等级		Δ	xΔ	制造公差	
IT10	IT11			凸模	凹模	IT13	IT14			凸模	凹模
10~18		0.070	0.070	0.018			1~3	0.250	0.130	0.060	
	3~6	0.075	0.050	0.020		18~30		0.330	0.250	0.070	
18~30		0.084	0.080	0.021			3~6	0.300	0.150	0.075	
30~50		0.100	0.100	0.023		30~50		0.390	0.290	0.085	
	6~10	0.090	0.060	0.025			6~10	0.360	0.180	0.090	
50~80		0.120	0.120	0.030		50~80		0.460	0.340	0.100	
	10~18	0.110	0.080	0.035			10~18	0.430	0.220	0.110	
80~120		0.140	0.140	0.040		80~120		0.540	0.400	0.115	
	18~30	0.130	0.090	0.042			18~30	0.520	0.260	0.130	
120~180		0.160	0.160	0.046		120~180		0.630	0.470	0.130	
	30~50	0.160	0.120	0.050		180~250		0.720	0.540	0.150	
180~250		0.185	0.185	0.054			30~50	0.620	0.310	0.150	
	50~80	0.190	0.140	0.057		250~315		0.810	0.600	0.170	
250~315		0.210	0.210	0.062			50~80	0.740	0.370	0.185	
	80~120	0.220	0.170	0.065		315~400		0.890	0.660	0.190	
315~400		0.230	0.230	0.075			80~120	0.870	0.440	0.210	
	120~180	0.250	0.180	0.085			120~180	1.000	0.500	0.250	
	180~250	0.290	0.210	0.095			180~250	1.150	0.570	0.290	
	250~315	0.320	0.240				250~315	1.300	0.650	0.340	
	315~400	0.360	0.270				315~400	1.400	0.700	0.350	

注：本表适用于电器仪表行业。

3.4 模具零件加工及冷冲压工艺方案的制定

冲压制件的质量，不仅依赖于模具的正确设计，而且在很大程度上取决于模具制造精度，而模具生产又多为单件小批量生产，这给模具生产带来许多困难。为了获得高质量的冲压制件，冲模制造时，在工艺上要充分考虑模具零件的材料、结构形状、尺寸、精度、工作特性和使用寿命等方面的不同要求，充分发挥现有设备的一切特长，选取最佳工艺方案。

3.4.1 模具零件的主要加工方法

模具制造以一般机械加工、特种加工和专用设备加工相结合的方法，另外还引进了许多新技术、新工艺，如数控铣床、数控电火化加工机床、加工中心等加工设备已在模具生产中被广泛采用。电火花和线切割加工已成为冷冲压模具制造的重要手段，为了对硬质合金模具进行精密成形磨削，还研制成功了单层电镀金刚石成形磨轮和电火花成形磨削专用机床，对型腔的加工也正在根据模具的不同类型采用电火花加工、电解加工、电铸加工、陶瓷型精密铸造、冷挤压、超塑成形以及利用照相腐蚀技术加工型腔皮革纹表面等多种工艺。

从制造观点看，按照模具零件结构和加工工艺过程的相似性，可将各种模具零件大致分为工作型面零件、板类零件、轴类零件和套类零件等，其加工特点见表 3-14。在制定模具零件加工工艺方案时，必须根据具体加工对象，结合企业实际生产条件进行制定，以保证技术上的先进行和经济上的合理性。

凸模、凹模以及其他模具零件的常用加工方法见表 3-15～表 3-17。

表 3-14　冲模零件的加工特点

零件类型	加工特点
轴、套类零件	轴、套类零件主要指导柱和导套等导向零件，它们一般由内、外圆柱表面组成。其加工精度要求主要体现在内、外圆柱表面的表面粗糙度、尺寸精度和各配合圆柱表面的同轴度等。导向零件的形状比较简单，加工工艺不复杂，加工方法一般在车床进行粗加工和半精加工，有时需要钻、扩和镗孔后，再进行热处理，最后在内、外圆磨床上进行精加工，对于配合要求高、精度高的导向零件，还要对配合表面进行研磨
板类零件	板类零件是指模座、凹模板、固定板、垫板和卸料板等平板类零件，由平面和孔系组成，一般遵循先面后孔的原则，即先刨、铣、平磨等加工平面，然后用钻、铣、镗等加工孔，对于复杂异型孔可以采用线切割加工，孔的精加工可采用坐标磨等
工作型面零件	工作型面零件形状、尺寸差别较大，有较高的加工要求。凸模的加工主要是外表加工；凹模的加工主要是孔（系）、型腔加工，而外形加工比较简单。一般遵循先粗后精，先基准后其他，先平面后轴孔，且工序要适当集中。加工方法主要有机械加工和机械加工再辅以电加工等方法

表 3-15　冲裁凸模的常用加工方法

凸模形式		常用加工方法	适用场合
圆形凸模		车削加工毛坯、淬火后，精磨，最后工件表面抛光及研磨	各种圆形凸模
非圆形凸模	带安装台肩式	方法一：凹模压印修锉法。车、铣或刨削加上毛坯，磨削安装面合基准面，划线铣轮廓，留 0.2～0.3mm 的单边余量，凹模（已加工好）压印后修锉轮廓，淬硬后抛光、磨刃口	无间隙模或设备条件较差的工厂
		方法二：仿形刨削加工。粗加上轮廓，留 0.2～0.3mm 的单边余量，用凹模（已加工好）压印后仿形精刨，最后淬火、抛光、磨刃口	一般要求的凸模
	直通式	方法一：线切割。粗加工毛坯，磨安装面和基准面，划线加工安装孔、穿丝孔，淬硬后磨安装面和基准面，切割成形、抛光、磨刃口	形状较复杂或较小、精度较高的凸模
		方法二：成形磨削。粗加工毛坯，磨安装面和基准面，划线加工安装孔，加工轮廓，留 0.2～0.3mm 的单边余量，淬硬后磨安装面，再成形磨削轮廓	形状不太复杂、精度较高的凸模或镶块

表 3-16　冲裁凹模的常用加工方法

型孔形式	常用加工方法	适用场合
圆形孔	方法一：钻铰法。车削加工毛坯上、下底面及外圆，钻、铰工作型孔，淬硬后磨上、下底面和工作型孔并抛光	孔径小于 5mm 的情况
	方法二：磨削法。车削加工毛坯上、下底面，钻、镗工作型孔，划线加工安装孔，淬硬后磨上、下底面和工作型孔并抛光	孔径较大的凹模
圆形孔系	方法一：坐标镗削。粗、精加工毛坯上、下底面和凹模外形，磨上、下底面和定位基面，划线、坐标镗削型孔系列，加工固定孔，淬火后研磨抛光型孔	位置精度要求高的凹模
	方法二：立铣加工。毛坯粗、精加工与坐标镗削方法相同，不同之处为孔系加工用坐标法在立铣机床上加工，后续加工与坐标镗削方法一样	位置精度要求一般的凹模

（续表）

型孔形式	常用加工方法	适用场合
非圆形孔	方法一：锉削法。毛坯粗加工后，按样板轮廓线切除中心余料然后按样板修锉，淬火后研磨抛光型孔	设备条件较差的工厂加工形状简单的凹模
	方法二：仿形铣。凹模型孔精加工仿形铣床或立铣床上靠模加工（要求铣刀半径，小于型孔圆角半径），钳工锉斜度，淬火后研磨抛光型孔	形状不太复杂、精度不太高，过渡圆角较大的凹模
	方法三：压印加工。毛坯粗加工后，用加工好的凸模或样冲压后修锉，再淬火研磨抛光型孔	尺寸不太大、形状不复杂的凹模
	方法四：线切割。毛坯外形加工好后，划线加工安装孔，淬火，研磨安装基面，割型孔	各种形状、精度高的凹模
	方法五：成形磨削。毛坯按镶拼结构加工好，划线粗加工轮廓，淬火后磨安装面，成形磨削轮廓，研磨抛光	镶拼凹模
	方法六：电火花加工。毛坯外形加工好后，划线加工安装孔，淬火，研磨安装基面，做电极或用凸模打凹模型孔，最后研磨抛光	形状复杂、精度高的整体凹模

表 3-17　其他模具零件的常用加工方法

零件名称	常用加工方法
模座	模座是组成模架的主要零件之一，属于板类零件，一般都由平面和孔系组成。其加工精度要求主要体现在模座上、下平面的平行度，上、下模座的导套、导柱安装孔中心距应保持一致，模座的导柱、导套安装孔的轴线与模座上、下平面的垂直度，以及表面粗糙度和尺寸精度应满足要求。 模座的加工要是平面加工和孔系的加工。在加工过程中为了保证技术要求和加工方便，一般遵循先面后孔的原则，即先加工平面，再以平面定位加工孔。模座的毛坯经过刨削或铣削加工后，对平面进行磨削可以提高模座平面的平面度和上、下平面的平行度，同时容易保证孔的垂直度要求。孔系的加工可以采用钻、镗削加工，对于复杂异型孔可以采用线切割加工。为了保证导柱、导套安装孔的间距一致，在镗孔时经常将上、下模座重叠在一起，一次装夹同时镗出导柱和导套的安装孔
导柱和导套	滑动式导柱和导套属于轴、套类零件，一般由内、外圆柱表面组成。其加工精度要求主要体现在内、外圆柱表面的表面粗糙度及尺寸精度，各配合圆柱面的同轴度等。导向零件的配合面都必须进行精密加工，而且要有较好的耐磨性。 导向零件的形状比较简单，加工方法一般采用普通机床进行粗加工和半精加工后再进行热处理，最后用磨床进行精加工，消除热处理引起的变形，提高配合面的尺寸精度和减小配合面的表面粗糙度值。对于配合要求高、精度高的导向零件，还要对配合面进行研磨，才能达到要求的精度和表面粗糙度。导向零件的加工工艺路线一般是：备料→粗加工→半精加工→热处理→精加工→光整加工
固定板、卸料板	固定板和卸料板的加工方法与凹模十分相似，主要根据型孔形状来确定方法，对于圆孔可采用车削，矩形和异型孔可采用铣削或线切割，对系列孔可采用坐标镗削加工

3.4.2　冷冲压工艺方案的制定

模具制造工艺规程是冲压工艺设计的具体形式，它是规定产品或零部件制造工艺过程和操作方法等的工艺文件，它针对具体的冲压零件，首先从其生产批量、形状结构、尺寸精度和材料等方面入手，进行工艺审查，必要时提出修改意见；再根据具体的生产条件，并综合分析各方面的影响因素，制定出技术性好的工艺方案。一般按以下步骤进行。

1．收集并分析有关设计的原始资料

（1）冲压件的零件图及使用要求

冲压件的零件图对冲压件的结构形状、尺寸大小、精度要求及有关技术条件做出了明确的规定，它是制定冲压工艺规程最直接的原始依据。而了解冲压件的使用要求及在机器中的装配关系，可以进一步明确冲压件的设计要求，并且在冲压件工艺性较差时向产品设计部门提出修改意见，以改善零件的冲压工艺性。当冲压件只有样件而无图样时，一般应对样件测绘后绘出图样，作为分析与设计的依据。

（2）冲压件的生产批量及定形程度

冲压件的生产批量及定形程度也是制定冲压工艺规程中必须考虑的重要内容，它直接影响加工方法及模具类型的确定。

（3）冲压件原材料的尺寸规格、性能及供应状况

冲压件原材料的尺寸规格是确定坯料形式和下料方式的依据，材料的性能及供应状况对确定冲压件变形程度与工序数目、计算冲压力、是否安排热处理辅助工序等都有重要影响。

（4）工厂现有的冲压设备条件

工厂现有冲压设备的类型、规格、自动化程度等是确定工序组合程度、选择各工序压力机型号、确定模具类型的主要依据。

（5）工厂现有的模具制造条件及技术水平

冲压工艺与模具设计要考虑模具的加工。模具制造条件及技术水平决定了制模能力，从而影响工序组合程度、模具结构与精度。

（6）有关的技术标准、设计资料与手册

制定冲压工艺规程和设计模具时，要充分利用与冲压有关的技术标准、设计资料与手册，这有助于设计者进行分析与设计计算、确定材料与尺寸精度、选用相应标准和典型结构，从而简化设计过程、缩短设计周期、提高工作效率。

2．冲压件的分析

（1）冲压件的功用与经济性分析

了解冲压件的使用要求及在机器中的装配关系与装配要求；根据冲压件的结构形状特点、尺寸大小、精度要求、生产批量及所有原材料，分析是否利于材料的充分利用，是否利于简化模具设计与制造，产量与冲压加工特点是否相适应，从而确定采用冲压加工是否经济。特别是零件的生产批量，它是决定零件采用冲压加工是否较为经济合理的重要因素。

（2）冲压件的工艺性分析

根据冲压件图样或样件，分析冲压件的形状、尺寸、精度及所用材料是否符合冲压工艺性要求。良好的冲压工艺性表现在材料消耗少、工序数目少、占用设备数量少、模具结构简单而且寿命长、冲压件质量稳定和操作方便等。

分析冲压件工艺性的另一个目的为明确冲压该零件的难点。因而要特别注意冲压件图样上的极限尺寸、尺寸公差、设计基准及其他特殊要求，因为这些要素对确定所需工序的性质、数目和顺序，对选择工件的定位方法、模具结构与精度等都有较大的影响。

经过上述分析研究，如果发现冲压件工艺性不合理，则应会同产品设计者，在不影响使用要求的前提下，对冲压件的形状、尺寸、精度要求乃至原材料的选用做必要的修改。

3．冲压工艺方案的分析与确定

在对冲压件进行工艺分析的基础上，便可着手确定冲压工艺方案。确定冲压工艺方案主要是确定每次冲压加工的工序性质、工序数目、工序顺序和工序组合方式、定位方式。

冲压工艺方案的确定是制定冲压工艺过程的主要内容，需要综合考虑各方面的因素，有的还需要进行必要的工艺计算，因此，实际确定时通常先提出几种可能的方案，再在此基础上进行分析、比较和择优。

（1）冲压工序性质的确定

① 从零件图上直观地确定工序性质。有些冲压件可以从零件图上直观地确定其冲压工序性质。如带孔和不带孔的各类平板件，产量小、形状规则、尺寸要求不高时采用冲裁工序；产量大、有一定精度要求时采用落料、冲孔、切口等工序，平面度要求较高时还需增加校平工序；当零件的断面质量和尺寸精度要求较高时，则需在冲裁工序后增加修整工序，或直接用精密冲裁工艺进行加工。

② 通过有关工艺计算或分析确定工序性质。有些冲压件由于一次成形的变形程度较大，或对零件的精度、变薄量、表面质量等方面要求较高时，需要进行有关工艺计算或综合考虑变形规律、冲件质量、冲压工艺性要求等因素后才能确定性质。

例如，图 3-14（a）和（b）分别为油封内夹圈和油封外夹圈，这两个冲压件的形状类似，但高度不同，分别为 8.5mm 和 13.5mm。经计算分析，油封内夹圈翻边系数为 0.83，可以采用落料冲孔复合和翻边两道冲压工序完成。若油封外夹圈也采用同样的冲压工序，则因翻边高度较大，翻边系数超出了网孔翻边系数的允许值，一次翻边成形难以保证工件质量。因此考虑改用落料、拉深、冲孔和翻边四道工序，利用拉深工序弥补一部分翻边高度的不足。

③ 有时为了改善冲压变形条件或方便工序定位而确定工序性质。有时须增加附加工序，有时为了节约材料，也会影响工序性质的确定。此外，对于几何形状不对称的一些零件，为便于冲压成形和定位，生产中常采用成对冲压的方法进行成形，成形后再增加一道剖切或切断工序截成两个零件。虽增加一道剖切或切断工序，但由于成对冲压时改善了变形条件，因而在生产中得到了广泛应用。

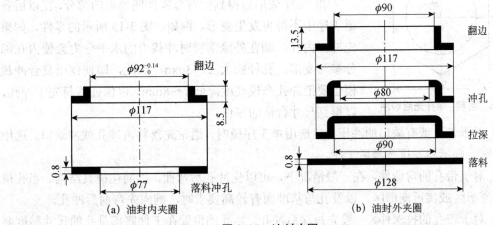

（a）油封内夹圈　　　　　　　（b）油封外夹圈

图 3-14　油封夹圈

（2）冲压工序数目的确定

工序数目是指同一性质的工序重复进行的次数。工序数目的确定主要取决于零件几何形状复杂程度、尺寸大小与精度、材料冲压成形性能、模具强度等，并与冲压工序性质有关。对于冲裁件，形状简单时一般内、外形只须一次冲孔和落料工序，而形状复杂或孔边距较小时，常需将内、外轮廓分成几部分依次冲出，其工序次数取决于模具强度和制模条件。至于其他成形件，主要根据具体形状和尺寸以及极限变形程度来决定。

在确定冲压加工过程所需总的工序数目时，应考虑到以下的问题：

① 生产批量的大小。大批量生产时，应尽量合并工序，采用复合冲压或级进冲压，提高生产率，降低生产成本。中小批量生产时，常采用单工序简单模或复合模，有时也可考虑采用各种相应的简单模具，以降低模具制造费用。

② 零件精度的要求。如平板冲裁件在冲裁后增加一道整修工序，就是适应其断面质量和尺寸精度要求较高的需要；当其表面平面度要求较高时，还必须在冲裁后增加一道校平工序，这虽然增加了工序数量，但却是保证工件精度要求必不可少的工序。

③ 工厂现有的制模条件和冲压设备情况。为了确保确定的工序数目、采用的模具结构和精度要求能与工厂现有条件相适应，这些因素是必须认真考虑的。

④ 工艺的稳定性。影响工艺稳定性的因素较多，但在确定工序数目时，适当降低冲压工序中的变形程度，避免在接近极限变形参数的情况下进行冲压加工，是提高冲压工艺稳定性的主要措施。另外，适当增加某些附加工序也是提高工艺稳定性的有效措施。

（3）冲压工序顺序的确定

工序顺序是指冲压加工生产中各道工序进行的先后次序。冲压件各工序的先后顺序，主要取决于冲压变形规律和零件质量要求，如果工序顺序的变更并不影响零件质量，则应根据操作、定位及模具结构等因素确定。工序顺序的确定一般可按下列原则进行。

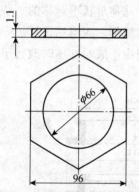

图 3-15　落料–冲孔先后顺序

① 各工序的先后顺序应保证每道工序的变形区为相对弱区，同时非变形区应为相对强区而不参与变形。当冲压过程中坯料上的强区与弱区相比不明显时，对零件有公差要求的部位应在成形后冲出。

② 工序成形后得到的符合零件图要求的部分，在以后各道工序中不得再发生变形。例如，图 3-15 所示的零件，如果先冲出内孔，则在外缘落料时冲裁力的水平分力会使内孔部分参与变形，孔径胀大 2~3mm。因此，即使使用复合冲裁模也要把冲孔凸模高度降低 7~8mm，以保证落料先于冲孔，以得到尺寸合格的零件。

③ 对于带孔或有缺口的冲压件，选用单工序模时，通常先落料再冲孔或冲缺口。选用连续模时，则落料安排在最后工序。

④ 对于带孔的弯曲件，在一般情况下，可以先冲孔后弯曲，以简化模具结构。当孔位于弯曲变形区或接近变形区，以及孔与基准面有较高要求时，则应先弯曲后冲孔。

⑤ 对于带孔的拉深件，一般先拉深后冲孔。当孔的位置在工件底部且孔的尺寸精度要求不高时，可以先冲孔后拉深。

⑥ 对于多角弯曲件，应从材料变性影响和弯曲时材料的偏移趋势安排弯曲的顺序，一般应先弯外角后弯内角。

⑦ 对于复杂的旋转体拉深件，一般先拉深大尺寸的外形，后拉深小尺寸的内形。对于

复杂的非旋转体拉深应先拉深小尺寸的内形，后拉深大尺寸的外部形状。

⑧ 整形工序、校平工序、切边工序，应安排在基本成形以后。

（4）冲压工序组合方式的选择

一个冲压件往往需要经过多道工序才能完成，因此，在制定工艺方案时，必须考虑是采用单工序模分散冲压，还是将工序组合起来采用复合模或级进模冲压。另外，对于尺寸过小或过大的冲压件，考虑到多套单工序模制造费用比复合模要高，生产批量不大时也可考虑将工序组合起来，采用复合模冲压。对于精度要求较高的零件，为了避免多次冲压的定位误差，也应采用复合模冲压。

但是，工序集中组合必然使模具结构复杂化。工序组合的程度受模具结构、模具强度、模具制造与维修以及设备能力的限制。工序集中后，如果冲模工作零件的工作面不在同一平面上，就会给修磨带来一定困难等。但尽管如此，随着冲压技术和模具制造技术的发展，在大批量生产中工序组合程度还是越来越高。

（5）冲压工序件（或半成品件）形状与尺寸的确定

对冲压工序件而言，总可以分成两个组成部分：已成形部分和待成形部分。前者的形状和尺寸与成品零件相同，在后续工序中应作为强区不再变形，后者的形状和尺寸与成品零件不同，在后续工序中应作为弱区有待于继续变形，是过渡性的。冲压工序件是毛坯和冲压件之间的过渡件，它的形状与尺寸对每道冲压工序的成败和冲压件的质量具有极其重要的影响，必须满足冲压变形的要求。一般来说，工序件形状与尺寸的确定应遵循下述基本原则。

① 工序件尺寸应根据冲压工序的极限变形参数确定。例如多次拉深时每道工序的工序件拉深直径，多次缩口时各道工序的半成品缩孔直径，在平板或拉深件底部冲孔翻边时的预冲孔直径，都应分别根据极限拉深系数、极限缩口系数和极限翻边系数来确定。

② 工序件尺寸应保证冲压变形时金属的合理分配与转移。一方面应注意工序件上已成形部分在以后的各道工序中不能产生任何变动；另一方面应注意工序件上被已成形部分分隔开的内部与外部待成形部分，在以后的各道工序中，都必须保证在各自范围内进行材料的分配与转移。

③ 工序件的形状与尺寸应有利于下道工序的冲压成形。一方面应注意工序件要能起到储料的作用，另一方面工序件的形状应具有较强的抗失稳能力，尤其对曲面形状拉深时，常把工序件做成具有较强抗失稳能力的形状，以防下道拉深时发生起皱。

④ 工序件的形状与尺寸应有利于保证冲压件的表面质量。例如多次拉深的工序件圆角半径（凹、凸模的圆角半径）都不宜取得过小。又如拉深深锥形件，采用阶梯形状过渡，所得锥形件壁厚不均匀，表面会留有明显的印痕，尤其当阶梯处的圆角半径取得较小时，其表面质量更差，而采用锥面逐步成形法或锥面一次成形，则能获得较好的成形效果。

⑤ 工序件的形状与尺寸应能满足模具强度和定位方便的要求。

4．选择模具类型

根据已确定的冲压工艺方案，综合考虑冲压件的质量要求、生产批量大小、冲压加工成本以及冲压设备情况、模具制造能力等生产条件后，选择模具类型，最终确定是采用单工序模，还是复合模或级进模。

5．有关工艺计算

（1）排样与剪板方案的确定

根据冲压工艺方案，确定冲压件或坯料的排样方案，计算条料宽度与步距，选择板料规格并确定剪板方式，计算材料利用率。

（2）确定各次冲压工序件形状，并计算工序件尺寸

冲压工序件是坯料与成形零件的过渡件。对于冲裁件或成形工序少的冲压件，工艺过程确定后，工序件形状及尺寸就已确定。而对于形状复杂、需要多次成形工序的冲压件，其工序件形状与尺寸的确定需要特别注意。

（3）计算各工序冲压力

根据冲压工艺方案，初步确定各冲压工序所用冲压模具的结构方案（如卸料与压料方式、推件与顶件方式等），计算各冲压工序的冲裁力、卸料力、压料力、推件力和顶件力等。对于非对称形状件冲压和级进冲压，还须计算压力中心。

6．选择冲压设备

根据工厂现有设备情况、生产批量、冲压工序性质、冲压件尺寸与精度、冲压加工所需的冲压力、计算的模具闭合高度和轮廓尺寸等主要因素，合理选定冲压设备的类型和规格。

7．编写冲压工艺文件

冲压工艺文件一般以工艺卡的形式表示，它综合地表达了冲压工艺设计的具体内容，包括工序序号、工序名称、工序内容、工序草图（加工简图）、模具的结构形式和种类、选定的冲压设备、工序检查要求、工时定额、材料牌号与规格以及毛坯的形状尺寸等。

工艺卡片是生产中的重要技术文件。它不仅是模具设计的重要依据，而且也起着生产的组织管理、调度、各工序间的协调以及工时定额的核算等作用。目前在冲压生产中，冲压工艺卡尚无统一的格式，各单位可依据既简单又有利于生产管理的原则进行确定。

3.5 冲裁模设计实例

1．设计题目

车门垫板冲裁模设计。

2．原始数据

零件名称：22 型客车车门垫板。

生产批量：每辆车数量为 6 块。

冲压材料：Q235 钢，厚度 $t=4$mm。

零件图：如图 3-16 所示。

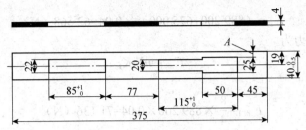

图 3-16 车门垫板零件图

3．零件的工艺分析

由于该件外形简单，形状规则，适于冲裁加工。材料为 Q235、厚度 t=4mm 的碳素钢板，σ_b=450MPa，具有良好的冲压性能，零件尺寸公差无特殊要求，按 IT14 级选取，利用普通冲裁方式可达到图样要求。

4．确定冲裁工艺方案

冲裁该零件包括落料、冲孔两道基本工序，可以有以下三种工艺方案。

方案一：先落料，后冲孔，采用单工序模生产。

方案二：落料、冲孔同时进行，采用复合模生产。

方案三：先冲孔，后落料，采用级进模生产。

各方案的特点及比较如下。

（1）方案一。模具结构简单，制造方便，但需要两道工序、两副模具，成本相对较高，生产率低。在第一道工序完成后，进入第二道工序必然会增大误差，使零件精度、质量降低，达不到所需的要求。故不选此方案。

（2）方案二。复合模加上精度及生产率都能满足，但最窄处 A 的距离为 7.5mm（见图 3-16），而复合模凸凹模最小壁厚需要 8.5mm，所以不能采用复合模。

（3）方案三。级进模适于多工位，且效率高。由于该件批量较大，因此确定零件的工艺方案为冲孔，切断进模较好，为考虑凹模刃口强度，其中间还需留一空步，排样图如图 3-17 所示。

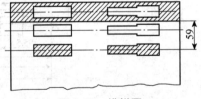

图 3-17 排样图

5．工艺与设计计算

（1）冲裁力的计算

设计冲裁模时，为了合理设计模具及选用压力机设备，压力机的吨位须大于计算所需的冲裁力。用普通平刃口模具冲裁时，其冲裁力一般按下式计算：

$$F_1=L_t\sigma_b=494\times4\times450=889\,200（N）$$

切断力为

$$F_2=L_t\sigma_b=375\times4\times450=675\,000（N）$$

冲孔部分及切断部分的卸料力为上面冲裁力和切断力之和，并取一定系数，由经验取 K_x=0.04

$$F_{卸}=（F_1+F_2）K_x$$

$$F_卸=（889\ 200+675\ 000）\times 0.04=62\ 568（N）$$

冲孔部分推件力为

$$F_{推1}=nF_1K_T$$

$K_T=0.04$，故

$$F_{推1}=\frac{8}{4}\times 889\ 200\times 0.04=71\ 136（N）$$

切断部分推件力为

$$F_{推2}=nF_2K_T=\frac{8}{4}\times 675\ 000\times 0.04=54\ 000（N）$$

所以

$$F_总=F_1+F_2+F_卸+F_{推1}+F_{推2}=889\ 200+675\ 000+62\ 568+71\ 136+54\ 000=1\ 751\ 904（N）$$

（2）压力中心的计算

压力中心分析图如图 3-18 所示。根据压力中心公式得

$x_0=$（375×187.5+214×95.5+20×215+130×247.5+5×280+100×305+25×330）/
（375+214+20+130+5+100+25）=192.6

取整数为 193。

$y_0=$（375×71.5+214×12.5+280×12.5）/（375+214+280）=37.96

取整数为 38。

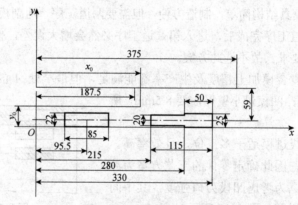

图 3-18　压力中心分析图

（3）计算各主要零件的尺寸

① 凹模厚度。凹模刃口最大尺寸 $b=115mm$（按大孔），板料厚度影响系数 K 取值 $K=0.3$，则凹模厚度（高度）$H=Kb=0.3\times 115mm=34.5mm$。

但该件上还须冲一较小的孔和进行切断，且均在同一凹模上进行，所以凹模厚度应适当增加，故取 $H=40mm$。

$$C=（1.5\text{-}2）H\approx 80mm$$

根据工件尺寸即可估算凹模的外形尺寸：

$$长度\times 宽度=480mm\times 120mm$$

② 凸模固定板的厚度。$H_1=0.7H=0.7\times 40mm=28mm$，取整数为 30mm。

③ 垫板的采用与厚度。是否采用垫板，以承压面较小的凸模进行计算，冲小矩形孔的凸模承压面的尺寸如图 3-19 所示。按承压应力校验，其承压应力为

$$\sigma = \frac{F}{A} = \frac{L_t \sigma_b}{A} = \frac{(22+85) \times 2 \times 4 \times 450}{85 \times 22} = \frac{385\ 200}{1\ 870}$$
$$= 205.99 \text{MPa}$$

查材料力学许用应力表得铸铁模板的 σ_b 为 $90 \sim 140$MPa。

故 $\qquad\qquad\qquad\qquad \sigma > \sigma_b$

因此须采用垫板，垫板厚度取 8mm。

④ 卸料橡皮的自由高度。根据工件材料厚度为 4mm，冲裁时凸模进入凹模深度取 1mm，考虑模具维修时刃磨留量为 2mm，再考虑开启时卸料板高出凸模 1mm，则总的工作行程 $h_{\text{工件}}$=8mm，橡皮的自由高度

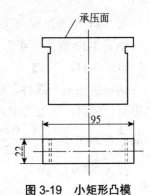

图 3-19 小矩形凸模

$$h_{\text{自由}} = \frac{h_{\text{工件}}}{(0.3 - 0.25)} = (27 \sim 32) \text{mm}$$

取 $h_{\text{自由}}$=32mm。

模具在组装时橡皮的预压量为

$$h_{\text{预}} = (10\% \sim 15\%) \times h_{\text{自由}} = (3.2 \sim 4.8) \text{mm}$$

取 $h_{\text{预}}$=4mm。

由此可计算出模具中安装橡皮的空间高度尺寸为 28mm。

⑤ 计算凹、凸模工作部分尺寸。由表 3-8 查得 $Z_{\min}$=0.64mm，$Z_{\max}$=0.88mm。

冲孔凸模 I：

工件孔尺寸为宽 22mm，长 85^{+1}_{0}mm （见图 3-16）。

由表 3-10 查得尺寸为 22mm 时，δ_T=0.02mm；尺寸为 85mm 时，δ_T=0.025mm。

查表 3-11，x=0.5。

按式（3-10），得 $B_T = (B_{\min} + x\Delta)_{-\delta_A}^{0}$（$B_T$ 为相应基准公称尺寸）。

根据表 3-13，查到尺寸 22mm、85mm 的公差分别为 Δ_1=0.52mm，Δ_2=0.87mm。

则 $\qquad\qquad B_{T1} = (22 + 0.5 \times 0.52)_{-0.02}^{0} = 22.26_{-0.02}^{0} (\text{mm})$

$\qquad\qquad\qquad B_{T2} = (85 + 0.5 \times 0.87)_{-0.02}^{0} = 85.44_{-0.02}^{0} (\text{mm})$

冲孔凸模 II：

工件孔尺寸为宽 20mm、25mm，长 115^{+1}_{0}mm、50mm （见图 3-16）。

根据表 3-10 查得尺寸为 20mm、25mm、50mm 时，δ_T=0.02mm；尺寸为 115mm 时，δ_T=0.025mm。

查表 3-11，x=0.5。

根据表 3-13，尺寸 20mm、25mm、50mm、115 mm 的公差分别为 δ_3=0.52mm，δ_4=0.63mm，δ_5=0.81mm，δ_6=0.87mm。

按式（3-10），得

$$B_{T3} = (20 + 0.5 \times 0.52)_{-0.02}^{0} = 20.26_{-0.02}^{0} (\text{mm})$$
$$B_{T4} = (25 + 0.5 \times 0.63)_{-0.02}^{0} = 25.32_{-0.02}^{0} (\text{mm})$$
$$B_{T5} = (50 + 0.5 \times 0.81)_{-0.02}^{0} = 50.41_{-0.02}^{0} (\text{mm})$$
$$B_{T6} = (115 + 0.5 \times 0.87)_{-0.025}^{0} = 115.44_{-0.025}^{0} (\text{mm})$$

凹模工作部分尺寸均按凸模研配，保证两侧共有 $0.64 \sim 0.88$mm 的均匀间隙。

⑥ 切断凸模宽度。工件宽度为 $40_{-0.5}^{0}$ mm（见图 3-16）。

由表 3-10 查得尺寸为 40mm 时，$\delta_T=0.02$mm。

查表 3-11，$x=0.5$。

切料处相出于落料，应以凹模为基准，由于凹模并非整体，因此还应换算到以凸模为基准进行配研。此处为单面剪，凸模与挡铁贴靠后与凹模之间的间隙为一般冲裁模单边间隙的 $\frac{2}{3}$，因此 $Z_{min}=\frac{2}{3}\times\frac{0.64}{2}=0.21$mm。

按式（3-9），则

$$A_A=(A_{max}-x\Delta)_{0}^{+\delta_A}$$

$$A_T=A_A-Z_{min}=(A_{max}x-x\Delta-Z_{min})_{-\delta_T}^{0}$$

$$=(40-0.5\times0.5-0.21)_{-0.02}^{0}=39.54_{-0.02}^{0}(mm)$$

切断部分保证具有 0.21～0.29mm 的均匀间隙。

（4）计算侧压力。

切断部分是单侧冲裁，所以凸模切刃的另一侧需要有挡块平衡侧压力，侧压力的大小可按剪切时侧压力的计算方法计算，即

$$F_{侧}=（0.10\sim0.18）F_2（取系数为 0.15）$$

$$=0.15\times675\,000=101\,250（N）$$

设计挡块时需要按侧压力核算应压力以及螺钉的大小及数量。

（5）模具总体设计。

有了上述各步计算所得的数据及确定的工艺方案，便可以对模具进行总体设计并画出草图，如图 3-20 所示。

从结构草图初算闭合高度，即

$$H_{模}=65+8+74+40+75-1=261（mm）$$

根据凹模的外形尺寸，确定下模板的外形尺寸为 610mm×310mm。

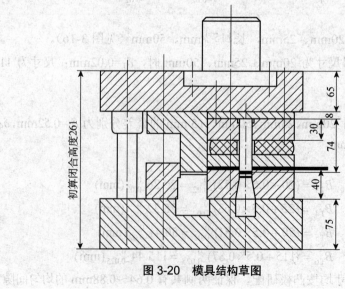

图 3-20　模具结构草图

（6）模具主要零部件的设计

本模具是采用手工送料的级进模，切断凸模面积较大可直接用螺钉与圆柱销固定，冲孔凸模则需用固定板固定，凹模可直接用螺钉与圆柱销固定。切断凸模的外侧需有挡块以克服侧压力，挡块同时起定位作用。另外，横向的定位可在凹模上增设一个定位销。采用弹性卸料装置，导向装置采用导柱和导套。

（7）选定设备

该模具的总冲压力：$F_总$=1 751 904N；闭合高度：$H_模$=261mm；外廓尺寸：610mm×310mm。

该工厂有 1 500kN 压力机和 3 150kN 压力机，根据所需的总冲压力大小来看，须选用 3 150kN 压力机。该压力机的主要技术规格有：最大冲压力为 3 150kN，滑块行程为 460mm，连杆调节量为 150mm，最大装模高度为 400mm，滑块底面尺寸为 800mm×970mm，工作台尺寸为 980mm×1 100mm。

因此根据冲压力、闭合高度、外廓尺寸等数据，选定该设备是合适的。

（8）绘制模具总图

模具总图如图 3-21 所示，图中零件明细见表 3-18。

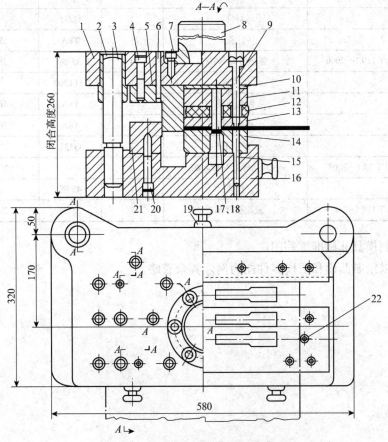

图 3-21 车门垫板冲裁级进模模具总图

技术要求：

1. 冲孔凹模工作部分按凸模配作，保证两侧共有 0.64～0.88mm 的均匀间隙。

2. 切断凸模与挡铁密贴后，与凹模之间保证有 0.21～0.29mm 的均匀间隙。

表 3-18　车门垫板冲裁级进模零件明细栏

序号	代号	名称	数量	材料	热处理
1		上模板	1	HT200	
2		导套 32（H6）×75	2	20 钢	渗碳 0.8～1.2mm 58～62HRC
3		导柱 32（h5）×250	2	20 钢	渗碳 0.8～1.2mm 58～62HRC
4	GB/T 70.1—2008	内六角圆柱头螺钉 M12×70	14		
5		切断凸模	1	T8A	56～60HRC
6	CB/T 119.1—2000	圆柱销 12×80	4	45 钢	40～45HRC
7	CB/T 70.1—2008	内六角圆柱头螺钉 M12×25	6	45 钢	40～45HRC
8	JBrr 7646.3—2008	模柄	1	Q235	
9	JB/T 7650.5—2008	卸料螺钉 M12×100	4	45 钢	35～40HRC
10		垫板	1	45 钢	40～45HRC
11		凸模固定板	1	45 钢	
12		卸料橡皮	1	橡胶	
13		卸料板	1	Q235	
14		凹模	1	T8A	58～62HRC
15	GB/T 119.1—2000	圆柱销 12×100	4	35 钢	28～38HRC
16		下模板	1	HT1200	
17		冲孔凸模	1	T8A	56～60HRC
18		冲孔凸模	1	T8A	56～60HRC
19		吊柱 M16	3	Q235	
20	GB/T 70.1—2008	内六角螺钉 M12×80	4		
21		挡铁	1	45 钢	
22	GB/T 119.1—2000	定位销母 ϕ12	1	35 钢	28～38HRC

（9）绘制模具非标准零件图

这里仅以绘制凸模和凹模零件图为例，其余省略。

第4章　冷冲压模具结构图

4.1　冲裁模

1. 导板导向冲孔模

导板导向冲孔模如图 4-1 所示，该模具主要零部件说明见表 4-1。

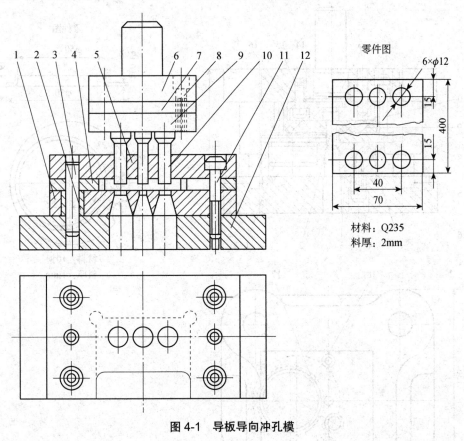

图 4-1　导板导向冲孔模

表 4-1 模具主要零部件

序号	零部件名称	数量	材料	硬度 HRC	序号	零部件名称	数量	材料	硬度 HRC
1	凹模	1	Cr12	60~64	7	垫板	1	45	43~48
2	柱销套	2	45	43~48	8	螺钉	4	35	
3	圆柱销	2	45	43~48	9	凸模固定板	1	45	
4	定位板	1	45	43~48	10	凸模	3	T10A	58~62
5	导板	1	45	43~48	11	螺钉	4	35	
6	上模板	1	Q235A		12	下模板	1	Q235A	

2. 偏心盘冲孔模

偏心盘冲孔模如图 4-2 所示，该模具主要零件说明见表 4-2。

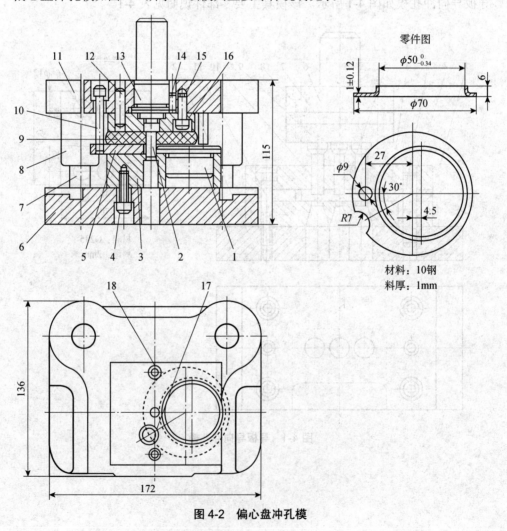

图 4-2 偏心盘冲孔模

表 4-2　模具主要零部件

序号	零部件名称	数量	材料	硬度 HRC	序号	零部件名称	数量	材料	硬度 HRC
1, 17	定位销	1, 1	45	43～48	9	橡胶块	1	橡胶体	
2	凸模	1	T10A	58～62	10	卸料螺钉	4	35	
3	凹模	1	T10A	60～64	11	上模座	1	HT200	
4, 15	螺钉	4, 4	35		12, 8	销钉	2, 2	45	43～48
5	卸料板	1	Q235A		13	模柄	1	Q235	
6	下模座	1	HT200		14	防转销	1	45	43～48
7	导柱	2	20 钢渗碳	58～62	16	凸模固定板	1	45	
8	导套	2	20 钢渗碳	58～62					

说明：本模具为筒形件凸缘上冲孔模。工件以内孔 ϕ50mm 和圆弧槽 R7mm 分别在定位销 1 和 17 上定位，弹性卸料装置在凸模下行冲孔时可将工件压紧，以保证冲件平整，凸模回程时又起卸料作用。冲孔废料直接从凹模孔内推出。定位销 1 的右边缘与凹模板外侧平齐，可使工件定位时右凸缘悬于凸模板以外，以便于取出工件。

此模具结构简单，操作方便，适用于批量生产。

3．冲侧孔模

冲侧孔模如图 4-3 所示，该模具主要零部件说明见表 4-3。

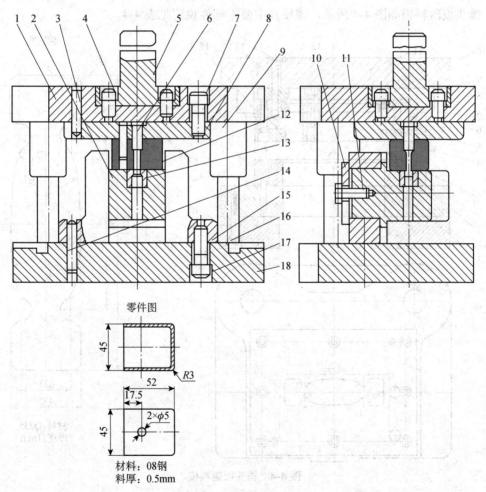

零件图

材料：08钢
料厚：0.5mm

图 4-3　冲侧孔模

表 4-3 模具主要零部件

序号	零部件名称	数量	材料	硬度 HRC	序号	零部件名称	数量	材料	硬度 HRC
1	上模座	1	HT200		10	垫圈	1	Q235A	
2	凹模支架	1	45		11	螺钉	1	35	
3	圆柱销	2	45	43~48	12	橡胶弹性体	1	橡胶体	
4	螺钉	4	35		13	凹模	1	CrWMn	60~64
5	凸缘模柄	1	Q235A		14	圆柱销	2	45	43~48
6	凸模	1	Cr12	58~62	15	支座	1	Q235A	
7	螺钉	4	35		16	导柱	2	20 钢渗碳	58~62
8	垫板	1	45	43~48	17	螺钉	3	35	
9	导套	2	20 钢渗碳	58~64	18	下模座	1	HT200	

4．锤头板落料模

锤头板落料模如图 4-4 所示，该模具主要零部件说明见表 4-4。

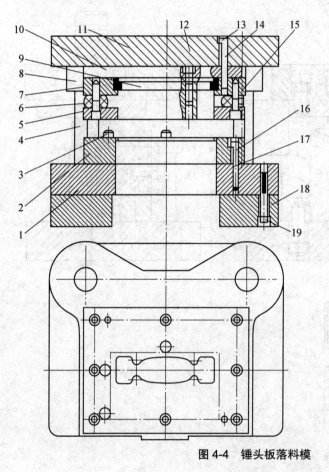

图 4-4 锤头板落料模

零件图

材料：Q235
厚度：1mm

表 4-4 模具主要零部件

序号	零部件名称	数量	材料	硬度 HRC	序号	零部件名称	数量	材料	硬度 HRC
1	下模座	1	HT200		10	垫板	1	45	43～48
2	凹模	1	Cr12	60～64	11	上模座	1	HT200	
3	活动挡料销	3	45	43～48	12	螺钉	2	35	
4	导柱	2	20 钢渗碳	58～62	13	螺钉	4	35	
5	卸料板	1	45	43～48	14	销钉	2	45	43～48
6	橡胶	1	橡胶体		15	卸料螺钉	8	35	
7	凸模固定板	1	45		16	销钉	2	45	43～48
8	导套	2	20 钢渗碳	58～62	17, 19	螺钉	4, 4	35	
9	凸模	1	Cr12	58～62	18	垫块	2	Q235A	

说明：本模具为锤头板落料模。由于本模具零件尺寸较大，所以模具所需工作台面较大，所选设备为闭式压力机。若模具闭合高度不够，则可在下模座底面增加垫块以满足设备的装模高度。

5．导柱导向式落料模

导柱导向式落料模如图 4-5 所示，该模具主要零部件说明见表 4-5。

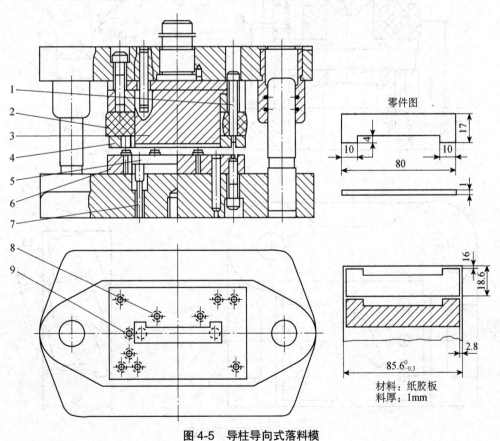

图 4-5　导柱导向式落料模

表 4-5 模具主要零部件

序号	零部件名称	数量	材料	硬度 HRC	序号	零部件名称	数量	材料	硬度 HRC
1	卸料螺钉	2	35		6	凹模	1	10A	60～62
2	卸料塑胶块	1	基胶体		7	顶杆	1	45	43～48
3	凸模	1	T10A	58～62	8	挡料销	2	45	43～48
4	卸料板	1	45		9	导料销	1	45	43～48
5	顶板	1	45	43～48					

6. 弹性卸料落料模

弹性卸料落料模如图 4-6 所示，该模具主要零部件说明见表 4-6。

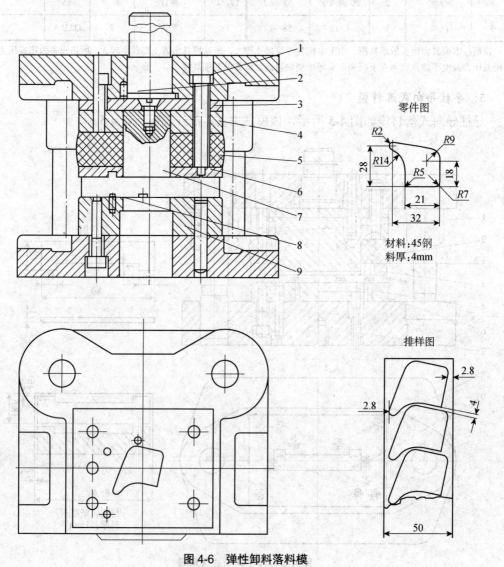

图 4-6 弹性卸料落料模

表 4-6　模具主要零部件

序号	零部件名称	数量	材料	硬度 HRC	序号	零部件名称	数量	材料	硬度 HRC
1	卸料螺钉	4	35		6	卸料板	1	45	43～48
2	圆柱销	1	45	43～48	7	凸模	1	Cr12	58～62
3	垫板	1	45	43～48	8	捎料销	3	45	43～48
4	凸模固定板	1	45		9	凹模	1	CrWMn	60～64
5	聚氨酯弹性块	1	聚氨酯体						

7. 聚氨酯橡胶落料模

聚氨酯橡胶落料模如图 4-7 所示，该模具主要零部件说明见表 4-7。

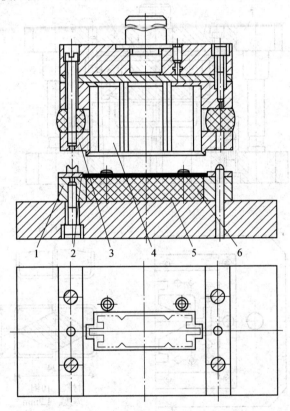

1　2　3　4　5　6

零件图

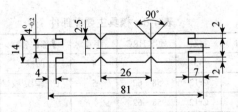

材料：H62 M　　料厚：0.4mm

图 4-7　聚氨酯橡胶落料模

表4-7　模具主要零部件

序号	零部件名称	数量	材料	硬度 HRC	序号	零部件名称	数量	材料	硬度 HRC
1	模腔	1	Q235A		4	lnf模	1	T10A	58～62
2	定位板	1	45	4～48	5	聚氨酯模垫	1	聚氨酯	
3	台阶压板	1	45	43～48	6	挡料销	2	45	43～48

说明：本模具冲裁时聚氨酯模垫始终把毛坯压住，故冲出的工件很平整。因为聚氨酯模垫紧贴凸模周围，故可获得无间隙冲裁，这对薄料冲裁是十分有利的。由于本工件材料较薄且形状复杂，故采用了台阶压板，以集中压力，提高压料效果。柱销伸出4～6mm，使对模方便。

8. 方盒剖切模

方盒剖切模如图4-8所示，该模具主要零部件说明见表4-8。

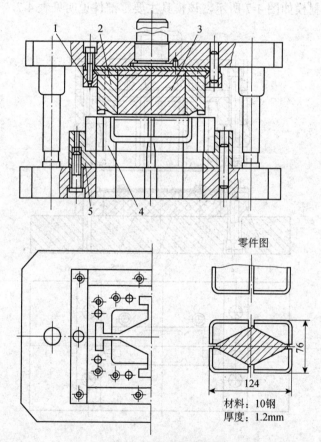

图4-8　方盒剖切模

表4-8　模具主要零部件

序号	零部件名称	数量	材料	硬度 HRC	序号	零部件名称	数量	材料	硬度 HRC
1	凸模固定板	1	45		4	凹模	1	Cr12	60～64
2	凸模Ⅰ	1	Cr12	58～62	5	凹模固定板	1	45	
3	凸模Ⅱ	1	Cr12	58～62					

说明：本模具是将已成形拉深件切成所需工件的剖切模。剖切时要将拉深件的底部、侧部分离（即对水平、垂直两个方向的材料分离）。但凸模只做上、下往复运动，这样凸模刃口要有一定形状，才能使材料逐渐分离时工件不变形。凹、凸模采用镶拼结构，制造简单。

9．角钢切断模

角钢切断模如图 4-9 所示，该模具主要零部件说明见表 4-9。

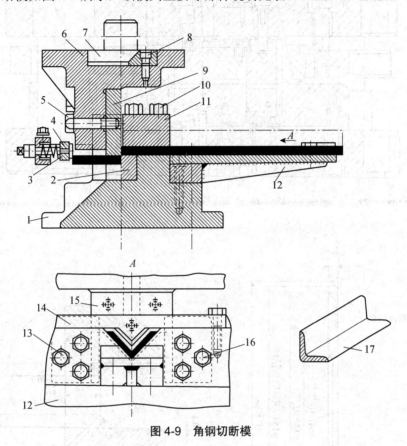

图 4-9　角钢切断模

表 4-9　模具主要零部件

序号	零部件名称	数量	材料	硬度 HRC	序号	零部件名称	数量	材料	硬度 HRC
1	下模座	1	Q235A		10	螺钉	4	35	
2	凹模刃口镶块	1	Cr12	60～64	11	夹紧块	1	45	43～48
3	弹簧	1	65Mn	44～50	12	承料架	1	Q235A	
4	挡料器	1 组			13	螺钉	3	35	
5	螺钉	3	35		14	导向块	2	45	43～48
6	上模座	1	Q235A		15	凸模座	1	45	43～48
7	模柄	1	Q235A		16	螺钉	3	45	
8	螺钉	4	35		17	切断角钢			
9	凸模刃口镶块	1	Cr12	58～62					

说明：本模具适用于金属型材角钢的切断。冲裁前将角钢放置在定位板上，由可调挡料器控制切断长度。冲裁时，凸模在两个淬硬的导向块内滑动，导向块可防止凸模受力后偏斜，损坏凸模。夹紧块预防角钢在切断时歪动。

10．摩托车从动链轮精冲模

摩托车从动链轮精冲模如图 4-10 所示，该模具主要零部件说明见表 4-10。

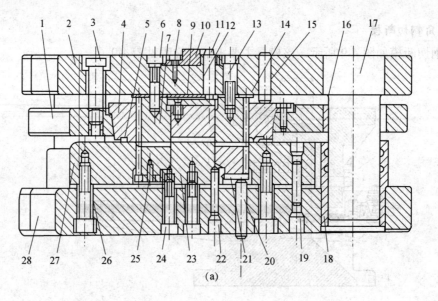

(a)

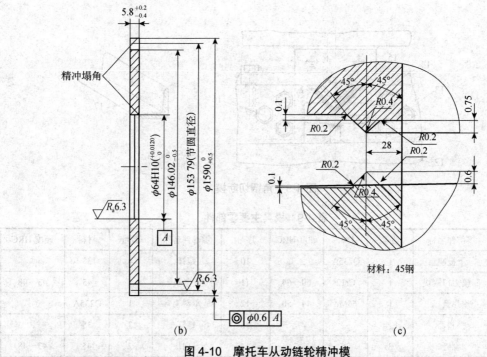

(b)　　　　　　　　　　　　　　　　　　(c)

图 4-10　摩托车从动链轮精冲模

表 4-10　模具主要零部件

序号	零部件名称	数量	材料	硬度 HRC	序号	零部件名称	数量	材料	硬度 HRC
1	中模板	1	Q235A		8, 25	螺钉	1, 1	35	
2	上模座	1	HT200		9	推板垫块	4	45	43～48
3	卸料螺钉	1	45	43～48	10	模柄	1	Q235A	
4	齿圈压板	1	45	43～48	11	推板	1	45	43～48
5	挡料钉	1	45	43～48	12	打杆	1	45	43～48
6, 19	销钉	1, 1	45	43～48	13	螺钉	1	35	
7	凸凹模	1	Cr12	58～62	14	垫板	1	45	43～48

（续表）

序号	零部件名称	数量	材料	硬度 HRC	序号	零部件名称	数量	材料	硬度 HRC
15	打杆	1	45	43～48	22	凸模	1	T10A	58～62
16	导套	1	20 钢渗碳	58～62	23	推板	1	45	43～48
17	导柱	1	20 钢渗碳	58～62	24	螺栓	2	35	
18	导套	2	20 钢渗碳	58～62	26	凹模	2	T10A	60～64
20	顶杆	1	45	43～48	27	下模板	1	Q235A	
21	销钉	1	45	43～48	28	下模座	1	HT200	

4.2　弯曲模

1．开式弯曲件常用弯曲模

开式弯曲件常用弯曲模如图 4-11 所示，该模具主要零部件说明见表 4-11。

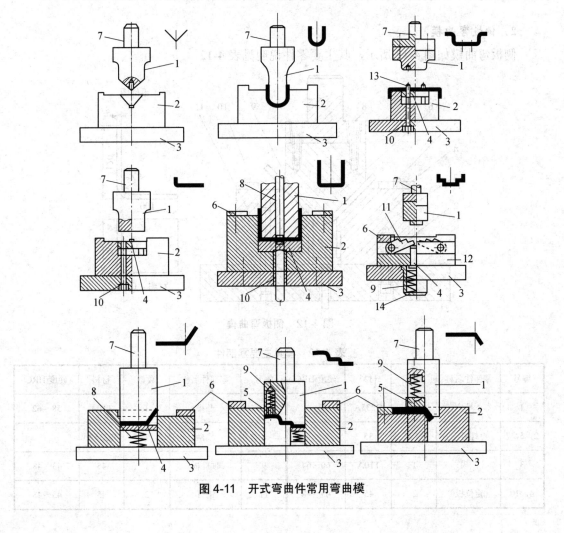

图 4-11　开式弯曲件常用弯曲模

表 4-11　模具主要零部件

序号	零部件名称	数量	材料	硬度 HRC	序号	零部件名称	数量	材料	硬度 HRC
1	弯曲凸模	1	T10A	58~62	8	卸件杆	1	T8A	54~58
2	弯曲凹模	1	T10A	58~62	9	弹簧	1	65Mn	44~50
3	下模座	1	HT200		10	顶杆	1	T8A	54~58
4	顶件器	1	T8A	54~58	11	摆动块	2	T10A	58~62
5	压料器（板）	1	T8A	54~58	12	垫板	1	45	43~48
6	定位板	1	45	43~48	13	定位销	2	45	43~48
7	模柄	1	Q235A		14	壳体	1	Q235A	

说明：开式弯曲件常用单工序弯曲模的主要结构类型如图 4-11 所示。这类弯曲模都是无芯弯曲的结构，构造简单，构成零件较少。虽然精度要求较高的开式弯曲件在大量生产时也有用模架的，但并不多见。当然，随着开式弯曲件形状及弯曲角的变化，还有更多的弯曲结构形式，但大多与图 4-11 所示结构类似。

2．侧板弯曲模

侧板弯曲模如图 4-12 所示，其主要零件说明见表 4-12。

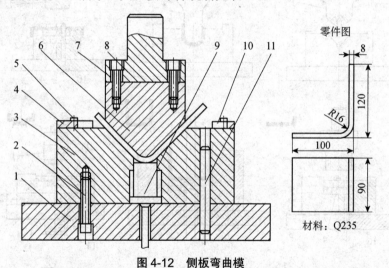

图 4-12　侧板弯曲模

表 4-12　模具主要零部件

编号	零部件名称	数量	材料	硬度 HRC	编号	零部件名称	数量	材料	硬度 HRC
1	下模座	1	Q235A		6	凸模	1	T10A	58~62
2，5，7	螺钉	12	35		8	模柄	1	Q235A	
3	凹模	1	T10A	60~64	9	顶件板	1	45	43~48
4，10	定位板	2	45	43~48	11	销钉	2	45	43~48

3．底座弯曲模

底座弯曲模如图 4-13 所示，其主要零部件说明见表 4-13。

零件图

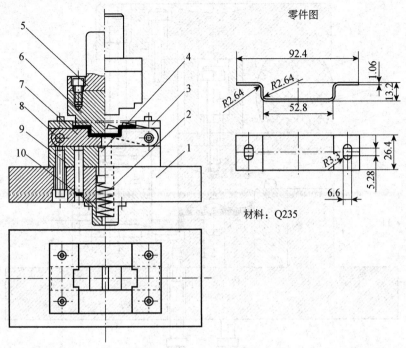

材料：Q235

图 4-13　底座弯曲模

表 4-13　模具主要零部件

编号	零部件名称	数量	材料	硬度 HRC	编号	零部件名称	数量	材料	硬度 HRC
1	下模座	1	Q235A		6	凸模	1	T10A	58～62
2	弹簧	1	65Mn	44～50	7	摆动凹模	2	T10A	62～64
3	定位板	2	45	43～48	8	轴销	2	T8	54～58
4	顶柱	1	45	43～48	9	凹模支架	1	45	43～48
5	模柄	1	Q235A		10	弹簧座	1	Q235A	

4．Z 形件弯曲模

Z 形件弯曲模如图 4-14 所示，其主要零部件说明见表 4-14。

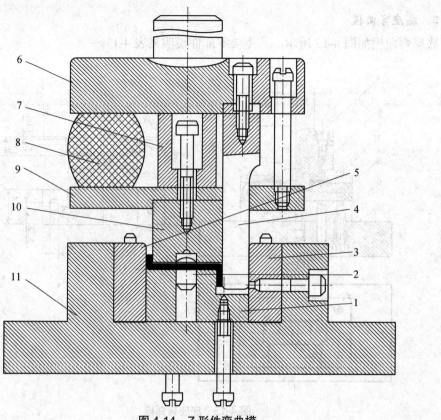

图 4-14 Z 形件弯曲模

表 4-14 模具主要零部件

序号	零部件名称	数量	材料	硬度 HRC	序号	零部件名称	数量	材料	硬度 HRC
1	顶板	1	45	43~48	7	压块	1	Q235A	
2	定位销	1	45	43~48	8	橡胶块	1	橡胶体	
3	反侧压块	1	45	43~48	9	凸模固定板	1	45	43~48
4	凸模	1	T10A	58~62	10	活动凸模	1	T10A	58~62
5	凹模	1	T10A	60~64	11	下模座	1	Q235A	
6	上模座	1	Q235A						

说明：本模具为 Z 形件一次弯曲模。该模具有两个凸模进行顺序弯曲。定位销和顶板能防止坯料的偏移。反侧压块的作用是克服上、下模之间水平方向的错移力，同时也为顶板导向，防止其窜动。在冲压前活动凸模在橡胶块的作用下与凸模端面平齐。冲压时活动凸模与顶板将坯料压紧，由于橡胶块产生的弹压力大于顶板下方缓冲器所产生的弹顶力，推动顶板下移使坯料左端弯曲。当顶板接触下模座后，橡胶块被压缩，而凸模相对于活动凸模继续移动将坯料右端弯曲成形。当压块与上模座相碰时，整个工件得到校正。

5．转动轴弯曲模

转动轴弯曲模如图 4-15 所示，其主要零部件说明见表 4-15。

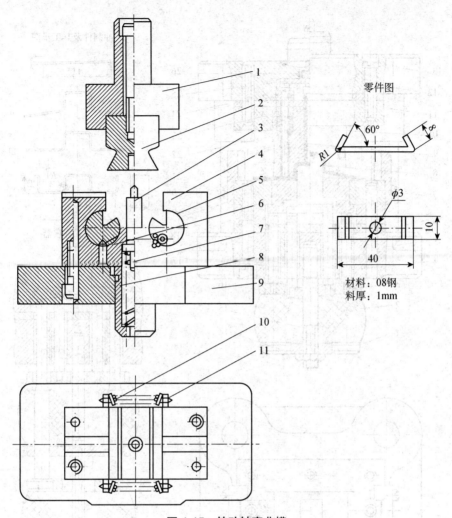

图4-15 转动轴弯曲模

表4-15 模具主要零部件

序号	零部件名称	数量	材料	硬度 HRC	序号	零部件名称	数量	材料	硬度 HRC
1	带柄矩形上模座	1	Q235A		7	弹簧	1	65Mn	44~50
2	上模	1	T10A	58~62	8	弹簧支座	1	45	43~48
3	顶杆	1	45	43~48	9	下模座	1	Q235A	
4	凹模支架	1	45		10	弹簧	2	65Mn	44~50
5	转动轴形凹模	2	T10A	60~64	11	弹簧轴	4	45	43~48
6	定位螺钉	2	35						

6. 六处90°弯角件复合弯曲模

六处90°弯角件复合弯曲模如图4-16所示,其主要零部件说明见表4-16。

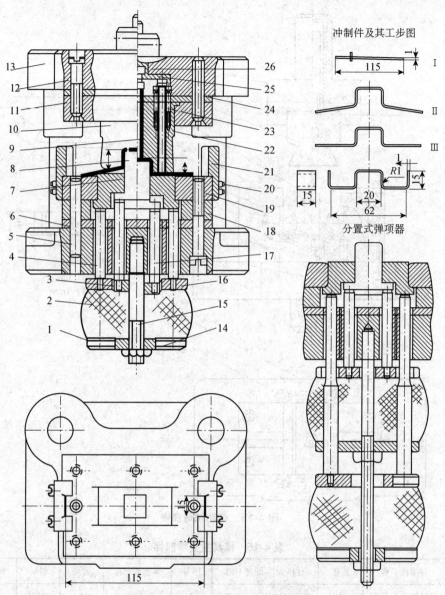

图 4-16　六处 90°弯角件复合弯曲模

表 4-16　模具主要零部件

序号	零部件名称	数量	材料	硬度 HRC	序号	零部件名称	数量	材料	硬度 HRC
1	托盘	1	Q275A		9	卸料杆	4	T7A	54～58
2	橡胶	1	橡胶体		10	弯曲上模	1	CrWMn	56～60
3	内顶杆	2	T7A	54～58	11	固定板	1	45	
4	外顶杆	2	T7A	54～58	12	螺钉	1	35	
5	圆柱销	2	45	43～48	13	上模座	1	HT200	
6	垫板	1	45	43～48	14	螺母	2	35	
7	顶件器	1	T7A	54～58	15	拉杆	1	Q275A	
8	凸模	1	CrWMn	56～60	16	推盘	1	Q275A	

（续表）

序号	零部件名称	数量	材料	硬度 HRC	序号	零部件名称	数量	材料	硬度 HRC
17	内顶杆	2	T7A	54～58	22	卸件杆	1	T7A	54～58
18	空心垫板	1	Q235A		23	弹簧	2	65 Mn	44～50
19	凹模	1	CrWMn	56～60	24	垫板	1	45	43～48
20	螺钉	2	35		25	推板	1	45	43～48
21	定位块	2	45	43～48	26	打料杆	1	45	43～48

　　说明：图 4-16 为一次弯曲成形复合模。在压力机滑块一次行程中，由里到外，用三个工序弯曲成形。
模具结构主要特点如下所述。

① 首先弯出凵形，进行弹压校形，不考虑回弹。

② 最后一次弯出双边凵形，在弯曲凸模上制出回弹角，使凸模直角处 $\alpha < 90°$。

③ 该模具采用滑动导向后侧导柱模架下弹顶弹压校正。

④ 下模座下的弹顶器分两级反顶弹压，确保各次校正弯曲。

⑤ 弯曲成形的工件如卡在凸模上，凸模上装的内置卸件器会在打料杆驱动下将工件卸下。

4.3　拉深模

1．无导向无压边圈首次拉深模

无导向无压边圈首次拉深模如图 4-17 所示，其主要零部件说明见表 4-17。

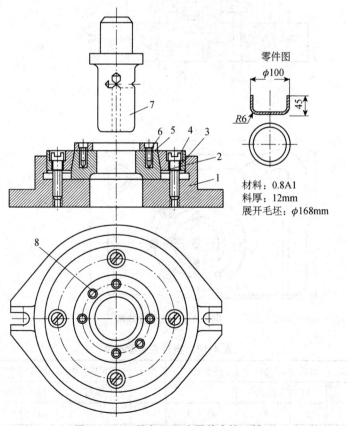

零件图

材料：0.8A1
料厚：12mm
展开毛坯：ϕ168mm

图 4-17　无导向无压边圈首次拉深模

表 4-17　模具主要零部件

序号	零部件名称	数量	材料	硬度 HRC	序号	零部件名称	数量	材料	硬度 HRC
1	通用模座	1	HT200		5	定位板	1	45	43～48
2	模芯凹模	1	T10A	58～62	6	螺钉	4	35	
3	压圈	1	45	43～48	7	凸模	1	T10A	56～60
4	螺钉	4	35		8	圆柱销	2	45	43～48

说明：高圆筒拉深件的首次拉深、变薄拉深件的杯形坯件等，都可采用图 4-17 所示的无导向敞开式、不用压边圈、首次拉深的拉深模结构。这种拉深模制造简便、成本低、使用广泛，缺点是安装调校要求高。

2．二次拉深模

二次拉深模如图 4-18 所示，其主要零部件说明见表 4-18。

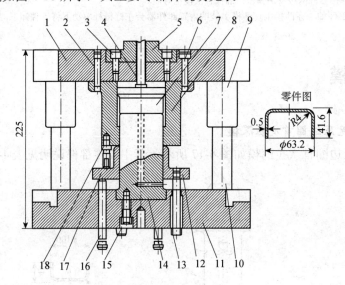

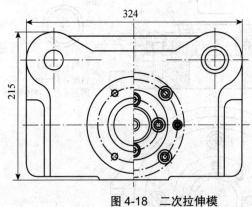

图 4-18　二次拉伸模

表 4-18　模具主要零部件

序号	零部件名称	数量	材料	硬度 HRC	序号	零部件名称	数量	材料	硬度 HRC
1	上模板	1	HT200		3	螺钉	4	35	
2	销钉	2	45	43～48	4	打杆	1	45	43～48

（续表）

序号	零部件名称	数量	材料	硬度 HRC	序号	零部件名称	数量	材料	硬度 HRC
5	模柄	1	Q235A		12	压边圈	1	45	43～48
6	螺钉	4	35		13	卸料螺钉	3	35	
7	打料块	1	45	43～48	14	凸模	1	T10A	58～62
8	凹模	1	T10A	60～64	15	螺钉	3	35	
9	导套	2	20 钢渗碳	58～62	16	顶杆	3	45	43～48
10	导柱	2	20 钢渗碳	58～62	17	限位螺栓	3	45	43～48
11	下模板	1	HT200		18	螺母	3	35	

说明：本模具是二次拉深模具。毛坯件在工件 12 上定位，工件 17 使工件 8 和工件 12 之间保持一个材料厚度的间隙，以免工件受力过大，材料被压薄而开裂。

3．不等边盒形件拉深模

不等边盒形件拉深模如图 4-19 所示，其主要零部件说明见表 4-19。

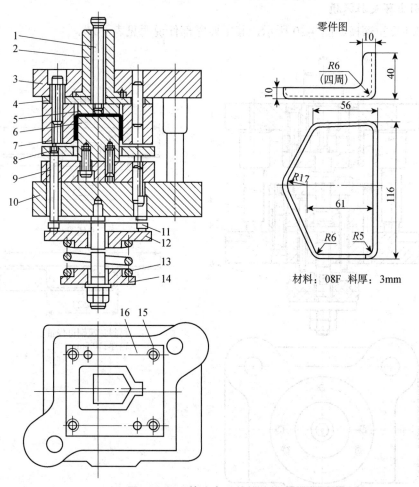

图 4-19　不等边盒形件拉伸模

表4-19　模具主要零部件

序号	零部件名称	数量	材料	硬度 HRC	序号	零部件名称	数量	材料	硬度 HRC
1	推杆	1	45	43～48	8	卸料板	1	45	43～48
2	模柄	1	Q235A		10	下模座	1	HT200	
3	上模座	1	HT200		11	卸料螺杆	3	45	43～48
4, 9	垫板	1, 1	45	43～48	12, 14	托板	1, 1	Q235A	
5	推板	1	45	43～48	13	弹簧	1	65Mn	44～50
6	凸模	1	T10A	58～62	15	螺钉	4	35	
7	凹模	1	T10A	60～64	16	定位板	1	45	43～48

说明：本模具设计要点如下所述。

① 在零件结构允许的条件下，将短边处的圆角半径适当减小，从而相应减小对应短边的凸模圆角半径，以增大短边的流动阻力，阻止其滑移。

② 使短边处的凹模圆角半径较多地小于长边处的凹模圆角半径，使零件短边在拉深初始阶段，就先于长边有一较大的变形。实际上也减小了短边处的凹、凸模间隙，有利于阻止滑移。

③ 将对应短边的凹、凸模之间的间隙减小，加大该处材料的挤薄成形，以阻止滑移。

④ 模具定位板的厚度应略高于零件的料厚。

4．引出环反拉深模

引出环反拉深模如图4-20所示，其主要零部件说明见表4-20。

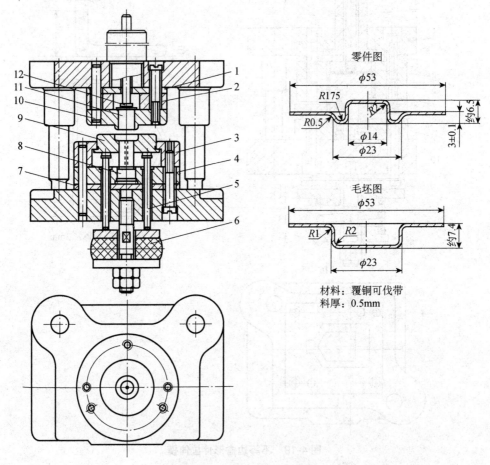

图4-20　引出环反拉深模

表 4-20　模具主要零部件

序号	零部件名称	数量	材料	硬度 HRC	序号	零部件名称	数量	材料	硬度 HRC
1	垫板	1	45	43～48	7	垫板	1	45	43～48
2	垫板	1	45	43～48	8	凸模	1	T10A	58～62
3	固定板	1	45		9	凹模	1	T10A	60～64
4	固定板	1	45		10	凸凹模	1	Cr12MoV	58～62
5	顶杆	3	45	43～48	11	顶板	1	45	43～48
6	橡胶	1	橡胶体		12	打杆	1	45	43～48

说明：模具开始工作时，毛坯件用凹模的外形定位。冲压时，凸凹模与凹模压住毛坯件，凸模进入凸凹模的孔中，将工件反向拉深成形。工件由顶板推出。

4.4　成形模

1．衬套翻边模

衬套翻边模如图 4-21 所示，其主要零部件说明见表 4-21。

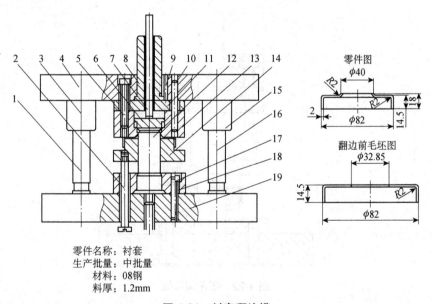

零件名称：衬套
生产批量：中批量
材料：08钢
料厚：1.2mm

图 4-21　衬套翻边模

表 4-21　模具主要零部件

序号	零部件名称	数量	材料	硬度 HRC	序号	零部件名称	数量	材料	硬度 HRC
1, 16	导柱	1, 1	20 钢渗碳	58～62	7	推杆	1	45	43～48
2	顶料杆	3	45	43～48	8	模柄	1	Q235	
3, 15	导套	1.1	20 钢渗碳	58～62	9	防转销	1	45	43～48
4	上模座	1	HT200		10	销钉	2	45	43～48
5	螺钉	4	35		11	凹模垫板	1	45	43～48
6	推件板	1	45	43～48	12	凸模	1	T10A	58～62

（续表）

序号	零部件名称	数量	材料	硬度 HRC	序号	零部件名称	数量	材料	硬度 HRC
13	凹模	1	T10A	60~64	18	凸模固定板	1	45	
14	压料板	1	45	43~48	19	下模座	1	HT200	
17	销钉，螺钉	2，4	35						

2. 压盖翻边模

压盖翻边模如图 4-22 所示，其主要零部件说明见表 4-22 所示。

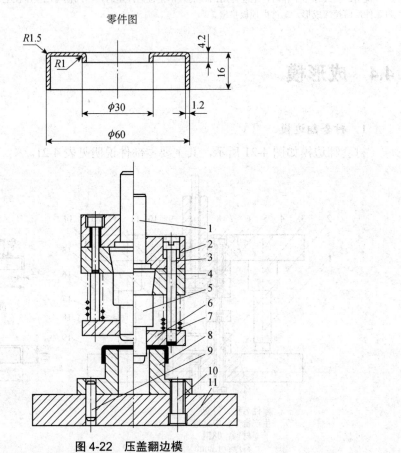

零件图

图 4-22　压盖翻边模

表 4-22　模具主要零部件

序号	零部件名称	数量	材料	硬度 HRC	序号	零部件名称	数量	材料	硬度 HRC
1	模柄	1	Q235A		7	弹簧	4	65Mn	44~50
2	上模板	1	Q235A		8	凹模	1	T10A	60~64
3	卸料螺钉	4	35		9	销钉	3	45	43~48
4	凸模固定板	1	45		10	螺钉	3	35	
5	凸模	1	T10A	58~62	11	下模板	1	Q235A	
6	压边圈	1	45	43~48					

3．灯罩缩口模

灯罩缩口模如图 4-23 所示，其主要零部件说明见表 4-23。

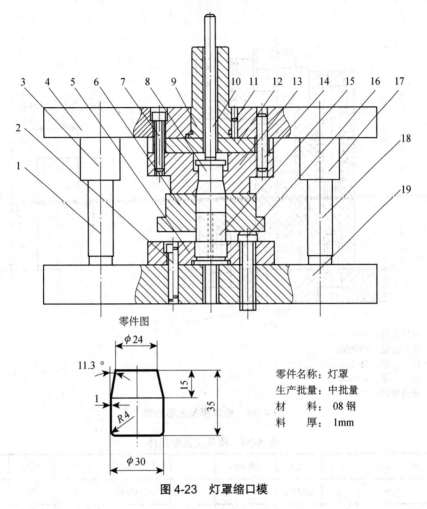

零件图

零件名称：灯罩
生产批量：中批量
材　　料：08 钢
料　　厚：1mm

图 4-23　灯罩缩口模

表 4-23　模具主要零部件

序号	零部件名称	数量	材料	硬度 HRC	序号	零部件名称	数量	材料	硬度 HRC
1，18	导柱	1，1	20 钢渗碳	58～62	10	打杆	1	45	43～48
2	销钉，螺钉	2，4	45，35		11	防转销	1	45	43～48
3，17	导套	1，1	20 钢渗碳	58～62	12	凹模垫板	1	45	43～48
4	上模座	1	HT200		13	固定凹模	2	T10A	60～64
5	凸模固定板	1	Q235A		14	销钉	1	45	43～48
6	活动凹模	1	T10A	60～64	15	凸模	1	T10A	58～62
7	螺钉	4	35		16	顶杆	3	45	43～48
8	推件板	1	45	43～48	19	下模座	1	HT200	
9	模柄	1	Q235A						

4. 瓶体聚氨酯胀形模

瓶体聚氨酯胀形模如图 4-24 所示，其主要零部件说明见表 4-24。

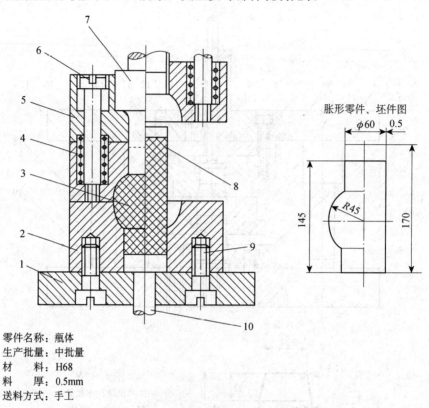

胀形零件、坯件图

零件名称：瓶体
生产批量：中批量
材　　料：H68
料　　厚：0.5mm
送料方式：手工

图 4-24　瓶体聚氨酯胀形模

表 4-24　模具主要零部件

序号	零部件名称	数量	材料	硬度 HRC	序号	零部件名称	数量	材料	硬度 HRC
1	下模座	1	Q235A		6	卸料螺钉	4	35	
2	下凹模体	1	T8A	54～58	7	凸模	1	T8A	58～62
3	橡胶	1	聚氨酯	>80HS（A）	8	坯件	1	H68	
4	弹簧	4	65Mn	44～50	9	螺钉	4	35	58～62
5	上凹模体	1	T8A	54～58	10	顶杆	1	45	43～48

4.5　复合模

1. 正装复合模

正装复合模如图 4-25 所示，其主要零部件说明见表 4-25。

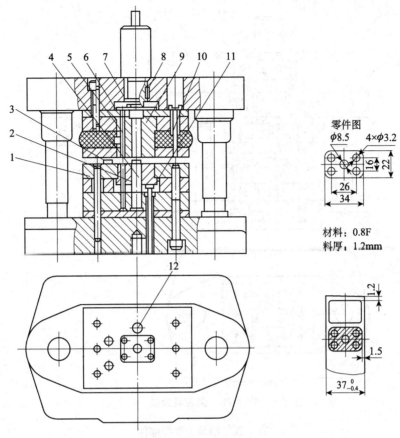

零件图

$\phi 8.5$　$4 \times \phi 3.2$

材料：0.8F
料厚：1.2mm

图 4-25　正装复合模

表 4-25　模具主要零部件

序号	零部件名称	数量	材料	硬度 HRC	序号	零部件名称	数量	材料	硬度 HRC
1	落料凹模	1	T10A	60～64	7	打板	1	45	43～48
2	推板	1	45	43～48	8	防转销	1	35	
3	定位销	2	45	43～48	9	凸凹模	2	Cr12MoV	60～64
4	冲孔凸模	1	T10A	58～62	10	套压卸料板	4	45	43～48
5	推杆	1	45	43～48	11	顶杆	2	45	43～48
6	推板	1	45	43～48	12	挡料销	1	45	43～48

2. 倒装复合模

倒装复合模如图 4-26 所示，其主要零部件说明见表 4-26。

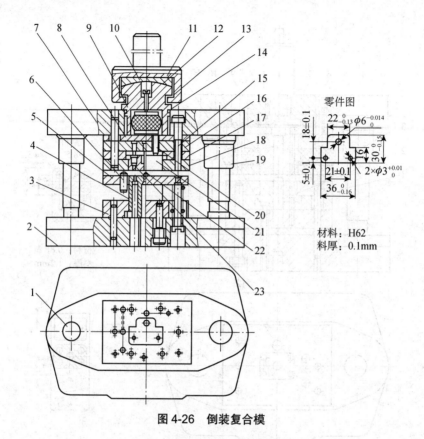

图 4-26　倒装复合模

表 4-26　模具主要零部件

序号	零部件名称	数量	材料	硬度 HRC	序号	零部件名称	数量	材料	硬度 HRC
1	导柱	2	20 钢渗碳	58~62	12, 15	螺钉	1, 1	35	
2	下模座	1	HT200		13	压板	3	45	43~48
3	下固定板	2	45		14	橡胶	1	橡胶体	
4	凸凹模	1	Cr12MoV	58~62	16	上固定板	1	45	
5	弹压卸料板	1	45	43~48	17	中垫板	1	45	43~48
6	伸缩挡料销	2	45	43~48	18	落料凹模	1	T10A	60~64
7	上模座	1	HT200		19	导套	2	20 钢渗碳	58~62
8	上垫板	1	45	43~48	20	顶杆	1	45	43~48
9	左浮动模柄	1	Q235A		21	推板	1	45	43~48
10	右浮动模柄	1	Q235A		22	螺钉	1	35	
11	浮动模柄	1	Q235A		23	冲孔凸模	1	T10A	58~62

3．翻边复合模

翻边复合模如图 4-27 所示，其主要零部件说明见表 4-27。

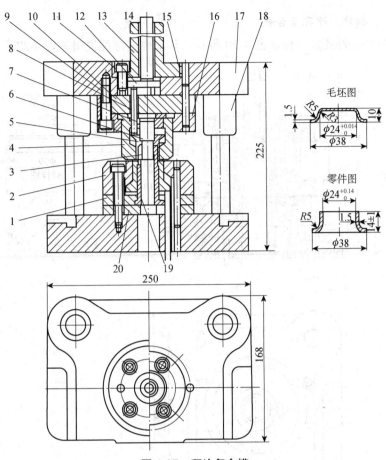

图 4-27　翻边复合模

表 4-27　模具主要零部件

序号	零部件名称	数量	材料	硬度 HRC	序号	零部件名称	数量	材料	硬度 HRC
1	凹模固定板	1	45	43-48	10	垫板	1	45	43-48
2	导板	1	45		12	推板	1	45	43-48
3	凸凹模	1	Cr12MoV	58-62	13	模柄	1	Q235	
4	翻边凹模	1	Cr12MoV	58-62	15	销钉	2	45	43-48
5	带肩推板	1	45	43-48	16	翻边凹模固定板	1	45	
6	冲孔凸模	1	Cr12MoV	58-62	17	上模板	1	HT200	
7	凸模固定板	1	45		18	导套	2	20 钢渗碳	58-62
8	推杆	3.1	45	43-48	19	压边圈	1	45	43-48 43-48
9	螺钉	4，3	35		20	垫板	1	45	

说明：本模具适用于翻边高度较高、须拉深后再翻边的冲压件。将拉深后的毛坯套在工件 3 上定位，工件 3 和工件 6 将毛坯冲孔，上模继续下行，工件 4 与工件 19 压边，工件 3 和工件 4 完成工件上部的翻边。

4．落料、拉伸、冲孔复合模

落料、拉伸、冲孔复合模如图 4-28 所示，其主要零部件说明见表 4-27。

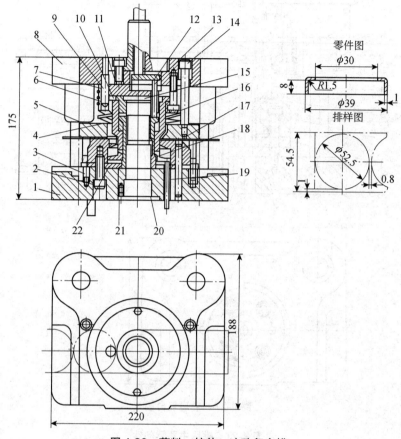

图 4-28　落料、拉伸、冲孔复合模

表 4-28　模具主要零部件

序号	零部件名称	数量	材料	硬度 HRC	序号	零部件名称	数量	材料	硬度 HRC
1	下模座	1	HT200		12	推板	1	45	43～48
2	螺钉	4	35		13	推杆	3	45	43～48
3	挡料螺栓	2	45	43～48	14	卸料螺钉	4	35	
4	弹簧	4	65Mn	44～50	15	冲孔凸模	1	T10A	58～62
5	卸料扳	1	45	43～48	16	打料板	1	45	43～48
6	凹凸模固定板	1	45		17	落料凹模	1	T10A	60～64
7	垫板	1	45	43～48	18	凸凹模	1	Cr12MoV	58～62
8	上模座	1	HI200		19	推杆	3	45	43～48
9	销钉	2	45	43～48	20	盖板	1	Q235A	
10	凸凹模	1	Cr12MoV	58～62	21	压边圈	1	T8A	54～58
11	凸模固定板	1	45		22	凸凹模固定板	1	45	43～48

　　说明：本模具将落料、拉深、冲孔三道工序合在一套模具内完成。因模架下方设有弹顶器，故在模架下开有纵向槽，并用工件 20 封口，工作中随时将冲孔废料向后涌出。

5. 落料、冲孔、翻边复合模

落料、冲孔、翻边复合模如图 4-29 所示，其主要零部件说明见表 4-29。

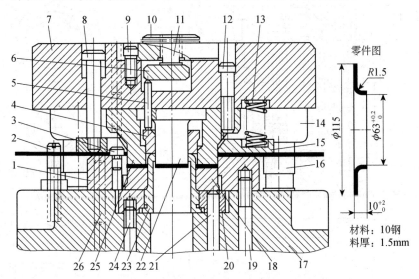

图 4-29 落料、冲孔、翻边复合模

表 4-29 模具主要零部件

序号	零部件名称	数量	材料	硬度 HRC	序号	零部件名称	数量	材料	硬度 HRC
1	落料凹模	1	Cr12MoV	62～64	14	导套	2	20 钢渗碳	58～62
2	导料销	2	T7A	54～58	15	卸料板	1	Q275A	
3	固定挡料销	1	T7A	54～58	16	导柱	2	20 钢渗碳	58～62
4	卸件器	1	T7A	54～58	17	下模座	1	HT200	
5	顶杆	3	T7A	54～58	18	顶件器	1	T7A	54～58
6	推板	1	45	43～48	19	螺钉	4	Q235A	
7	上模座	1	HT200		20	下固定板	1	45	
8, 9	内六角螺钉	4, 4	Q235A		21	顶杆	3	T7A	54～58
10	模柄	1	Q235A		22	冲孔凸模	1	Cr12MoV	58～62
11	打料杆	1	45	43～48	23	翻边凸模	1	Cr12MoV	62～64
12, 24	内六角螺钉	4, 3	Q235A		25	凸凹模	1	Cr12MoV	58～62
13	弹簧	4	65Mn	44～50	26	圆柱销	2	45	43～48

说明：图 4-29 为用板裁条料，经落料、冲孔、翻边三个工序复合冲压一模成形，冲制宽凸缘翻边件用的正装结构复合模的典型结构形式。该冲裁模采用标准的滑动导向后侧导柱模架。因冲压材料厚度 t=1.5mm，冲裁间隙 C=5% t=0.075mm，所以选用 II 级精度模架就可满足导向要求。

6. 一模多件套筒式冲模

一模多件套筒式冲模如图 4-30 所示，其主要零部件说明见表 4-30。

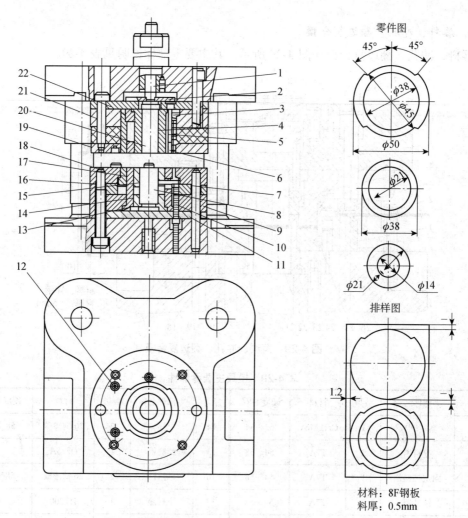

零件图

排样图

材料：8F钢板
料厚：0.5mm

图 4-30　一模多件套筒式冲模

表 4-30　模具主要零部件

序号	零部件名称	数量	材料	硬度 HRC	序号	零部件名称	数量	材料	硬度 HRC
1	打杆	1	45	43～48	12	定位销	3	45	43～48
2	打板	1	45	43～48	13	衬套	1	45	43～48
3	半环形键	2	45	43～48	14	凸凹模	1	Cr12MoV	58～62
4	凸凹模	1	Cr12MoV	58～62	15	顶料块	1	45	43～48
5	凸模	1	Cr12	58～62	16	中间垫板	1	45	43～48
6	打料板	1	45	43～48	17	顶料块	1	45	43～48
7	连接销	3	45	43～48	18	凹模	1	Cr12	60～64
8	凸模	1	Cr12	58～62	19	卸料板	1	45	43～48
9	固定板	1	45		20	打杆	1	45	43～48
10	顶杆	4	45	43～48	21	固定板	1	45	
11	下垫板	1	45	43～48	22	上垫板	1	45	43～48

　　说明：本模具可同时冲裁出多个圆形零件，其凸模、凹模均采用套筒式镶合结构。在工件 14 的筒壁上开三个长圆孔，用工件 7 将内外顶料块工件 15 和工件 17 连接起来，以便将工件顶出。工件 5 的上端加工有环形槽，将工件 3 半环形键镶入，用于固定工件 5。

4.6 级进模

1．手柄落料、冲孔级进模

手柄落料、冲孔级进模如图 4-31 所示，其主要零部件说明见表 4-31。

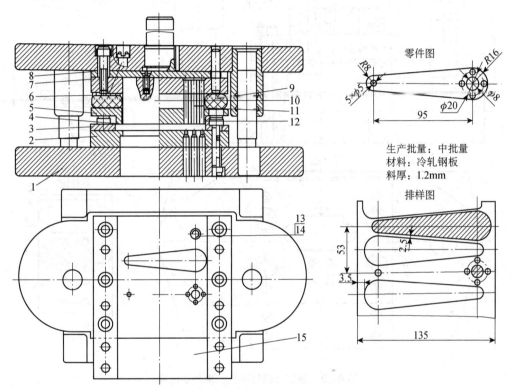

零件图

生产批量：中批量
材料：冷轧钢板
料厚：1.2mm

排样图

图 4-31 手柄落料、冲孔级进模

表 4-31 模具主要零部件

序号	零部件名称	数量	材料	硬度 HRC	序号	零部件名称	数量	材料	硬度 HRC
1	下模板	1	HT200		9	弹性橡胶体	足量	橡胶体	
2	矩形凹模	1	Cr12	60～64	10	外形凸模	1	Cr12	58～62
3	导料板	2	45	43～48	11	冲大孔凸模	1	Cr12	58～62
4	定位钉	1	T8	50～54	12	冲小孔凸模	5	Cr12	58～62
5	矩形卸料板	1	45	43～48	13	活动挡料销	1	T8	50～54
6	卸料螺钉	4	35		14	弹簧	1	65Mn	44～50
7	凸模固定板	1	45		15	承料板	1	Q235	
8	矩形垫板	1	45	43～48					

说明：本模具是只有两个工步的级进模。用工件 13 定位，工件 4 导正。工件 14 使工件 13 具有弹性，以免影响模具闭合。条料毛坯依次冲裁一遍后，翻转过来再冲裁第二遍，在第一遍冲裁后的间隙中，冲裁出第二部分工件。

2．固定卸料板冲孔、落料级进模

固定卸料板冲孔、落料级进模如图 4-32 所示，其主要零部件说明见表 4-32。

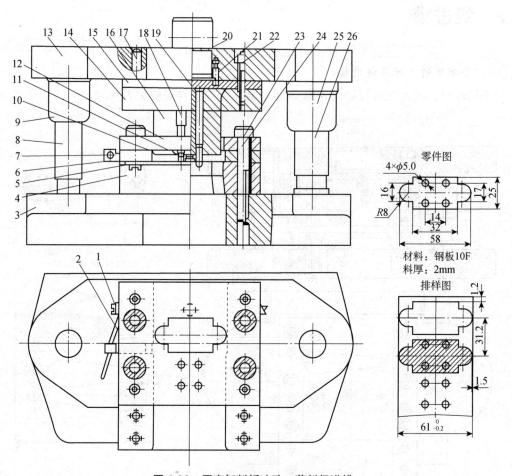

图 4-32　固定卸料板冲孔、落料级进模

表 4-32　模具主要零部件

序号	零部件名称	数量	材料	硬度 HRC	序号	零部件名称	数量	材料	硬度 HRC
1	螺钉	1	35		14	凸模固定板	1	45	
2	弹簧	1	65Mn	44～50	15	垫板	2	45	43～48
3	下模座	1	HT200		16	凸模	1	Cr12	58～62
4	凹模	1	Cr12	60～64	17	销钉	1	45	43～48
5	螺钉	1	35		18	冲孔凸模	2	Cr12	58～62
6	承料板	1	45	43～48	19	导正销	1	45	43～48
7	始用挡块	1	45	43～48	20	模柄	1	Q235A	
8	导柱	1	20 钢渗碳	58～62	21	止转销	1	45	43～48
9	导套	1	20 钢渗碳	58～62	22	螺钉	1	35	
10	导料板	1	45	43～48	23	弹性校正组件	1		
11	导正销	3	45	43～48	24	螺钉	2	35	
12	固定卸料板	1	45	43～48	25	导套	1	20 钢渗碳	58～62
13	上模座	1	HT200		26	导柱	1	20 钢渗碳	58～62

3. 黄铜管帽拉深多工位级进模

黄铜管帽拉深多工位级进模如图 4-33 所示，其主要零部件说明见表 4-33。

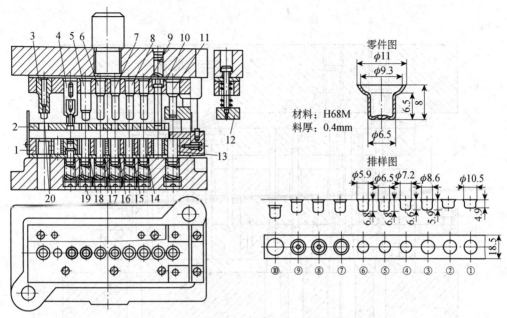

材料：H68M
料厚：0.4mm

图 4-33　黄铜管帽拉深多工位级进模

表 4-33　模具主要零部件

序号	零部件名称	数量	材料	硬度 HRC	序号	零部件名称	数量	材料	硬度 HRC
1	落料凹模	1	Cr12	62～64	11	拉深凸模	1	Cr12	58～62
2	固定卸料板	1	45	43～48	12	弹性压板	1	45	43～48
3	落料凸模	1	Cr12	62～64	13	拉深凹模	1	Cr12	58～62
4	成形凸模	1	Cr12	62～64	14	拉深凹模	1	Cr12	58～62
5	成形凸模	1	Cr12	62～64	15	拉深凹模	1	Cr12	58～62
6	拉深凸模	1	Cr12	58～62	16	拉深凹模	1	Cr12	58～62
7	拉深凸模	1	Cr12	58～62	17	拉深凹模	1	Cr12	58～62
8	拉深凸模	1	Cr12	58～62	18	拉深凹模	1	Cr12	58～62
9	拉深凸模	1	Cr12	58～62	19	拉深凹模	1	Cr12	58～62
10	活动压料杆	1	45	43～48	20	导正销	1	45	43～48

　　说明：本模具采用无工艺切口整条带料连续拉深，第 6、7、8、9、11、13、14、15、16、17、18、19 工位为拉深，4、5 工位为成形，1、3 工位为落料，2、10 工位为空步。

　　第 1 工位首次拉深用弹性压板，以后各工位采用固定卸料板。第 2 工位为空位，加一活动压料杆，可避免拉深过程中带料滑移和翘起。落料时用导正销导向。

　　凹模采用镶套结构。带料送进采用自动送料机构。

4. 电位器接线片多工位级进模

电位器接线片多工位级进模如图 4-34 所示，其主要零部件说明见表 4-34。

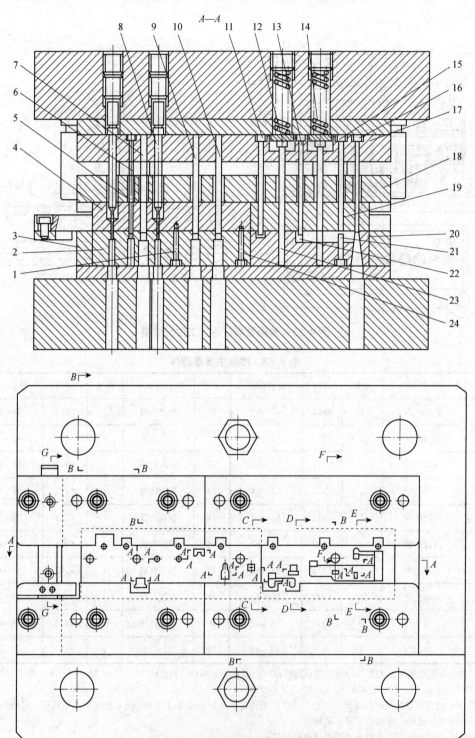

图 4-34　电位器接线片多工位级进模

表 4-34 模具主要零部件

序号	零部件名称	数量	材料	硬度 HRC	序号	零部件名称	数量	材料	硬度 HRC
1	挤压凸模	1	Cr12	58~62	13	弯曲凸模	1	Cr12	58~62
2	凹模镶块	1	Cr12	62~64	14	弯曲凸模	1	Cr12	58~62
3	凸模固定板	1	45		15	弯曲凸模	1	Cr12	58~62
4	卸料板镶块	1	T7A	52~56	16	落料凸模	1	Cr12	58~62
5	冲导正钉孔凸模	1	Cr12	58~62	17	凸模固定板	1	45	
6	导正钉	6	T7A	52~56	18	卸料板基体	1	45	
7	凸模	1	Cr12	58~62	19	卸料板镶块	1	T7A	52~56
8	冲孔凸模	1	Cr12	58~62	20	凹模镶块	1	Cr12	62~64
9	凸模	1	Cr12	58~62	21	弯曲凹模	1	Cr12	62~64
10	凸模	1	Cr12	58~62	22	弯曲凹模	1	Cr12	62~64
11	弯曲凸模	1	Cr12	58~62	23	弯曲凹模	1	Cr12	62~64
12	弯曲凸模	1	Cr12	58~62	24	弯曲凸模	1	Cr12	58~62

说明：本模具适用于多角弯曲冲压件的大批量生产。模具采用单侧浮料，带有导向系统的卸料板对细小凸模起到了保护作用。

4.7 冷挤压模

正挤压模是冷挤压模的一种。

正挤压模如图 4-35 所示，其主要零部件说明见表 4-35。

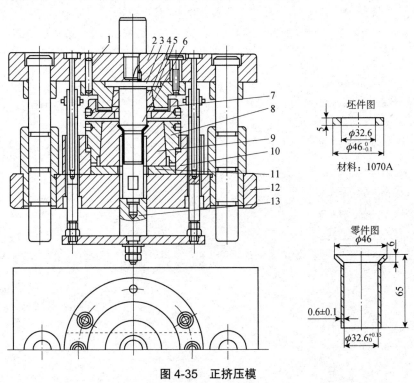

图 4-35 正挤压模

表 4-35 模具主要零部件

序号	零部件名称	数量	材料	硬度 HRC	序号	零部件名称	数量	材料	硬度 HRC
1	上模板	1	45		10	导柱	1	20 钢渗碳	58~62
2, 15	销钉	2, 2	45	43~48	11	下模板	1	45	
3	上垫板	1	T7A	54~58	13	下压翻	1	45	
4	模柄	1	Q235A		14	凹模	2	Cr12	58~62
5	止转螺钉	2	45	43~48	16	弹簧	4	65Mn	44~50
6.12	螺钉	4, 4	45		17	制件	1	5A02	
7	导套	2	20 钢渗碳	58~62	18	卸料板	1	17A	54~58
8	上压圈	1	45		19	螺母	1	35	
9	凸模	1	CrWMn	56~60	20	卸料螺栓	4	35	

第5章 模具拆装实训

5.1 目标与意义

模具教学中的一个重点内容是模具结构的认知教学，它又分为三个方面：模具的内部结构认知、模具机构运动原理和成型过程认知、模具与周边附属设备间的协调与配合关系认知。

模具拆装实训是当前各院校模具结构认知教学的主要方式，一般在专用实训室进行，学生通过拆装模具实物达到以下教学目标。

（1）了解模具的结构和工作原理。

（2）掌握模具拆装、测量技能。

（3）巩固模具设计知识，强化模具建模与绘图技能。

模具拆装实训具有交互性好、真实感强的教学特点，是任何教学演示手段（如动画）无法替代的。学生只有亲自动手，才能达到正确理解、深刻记忆的教学效果。为后面的学习打下坚实的基础。

模具拆装不仅是模具教学中的一种有效学习手段，更是模具制造岗位必须掌握的工作技能。

一方面，模具本身是组合装备，零件加工后必须经过装配才能使用。由于受到设计水平和加工水平的制约，模具零件在加工完成后往往不能一次装配成功。为减少装配风险，在加工非标准零件时，常常故意留有一定的配模余量，再通过钳工反复配模，从而达到理想的装配效果。配模对模具的最终品质有直接的影响。

另一方面，模具在使用过程中的维修和维护也需要通过拆装才能实现。例如，由于设计、加工或使用不当造成模具损坏，如热流通浇口堵塞、排气槽堵塞、水（油、气）路泄漏等，都需要通过拆装进行维修。

所以，模具拆装与测绘实训是模具专业学习过程中重要的教学环节，对模具专业课程的教学效果有着至关重要的影响，是模具专业建设的重点课程。

5.2 实物模具拆装实训的缺陷

尽管模具拆装实训对提升模具课程教学效果有重要的作用，但它同时又是模具专业课程中最难、最"头疼"的教学内容。主要表面在以下方面。

1. 教学难度高、强度大

由于模具结构比较复杂，零件较多，因此拆装实训过程中常常发生零件丢失、损坏、装配不良、卡死的现象，给实训管理增加了难度。教师上课时往往顾此失彼，而课后则往往面临一个"烂摊子"要收拾。同时，成绩考核、实训安全管理也有相当难度。

2. 教学效果受诸多条件限制

模具结构认知教学的现场拆装实训受到教学时间、场地、设备数量等多方面的限制。例如，不可能为每个学生提供全套的实物模型和充足的实训时间，也不可能无限制地让学生反复实训等。往往是一所学校只有几套、十几套教学模型，要供数十名甚至数百名学生使用，效果可想而知。

3. 教学成本高

拆装实训所采用的模具实物模型一般由代木、铝合金等材料制作，其成本虽然比钢制模具低得多，但作为教学用具其成本依然是比较高的，即使是简易的模型每套经常达到千元以上。而模具种类复杂多样（多达数十种），其中仅仅注塑模具这一个种类的基本结构的教学就至少需要 5 种以上的模型，因此其购买成本和维护成本是非常高的。

4. 品种有限，难以更新

由于实物模型的采购成本较高，并且在存放或拆装实训时需要较大的场地，因此往往只能选择一些基本的模具结构进行教学，难以全面反映模具的种类和结构变化，同时也难以跟随模具技术的发展保持扩充和更新。

5. 实训内容与教学功能的局限性

虽然实物模型能直观地表达产品的结构，但也存在三个方面的问题：第一是难以方便地观察模具装配机构的运动过程，尤其是难以观察到内部机构的运动过程；第二是难以观察模具制品的成型过程，如塑料在模具型腔中的流动过程；第三是无法表达与周边设备（如注塑机）配合运动关系，不利于学生从整体上了解模具工作原理；第四是实训模型与真实模具相比，在精度、外观、结构完整性等方面降低了标准，无法真实反映出模具的装配工艺和制造工艺，使实训的真实感有所下降。

毫不夸张地说，上述问题已经严重影响到模具拆装实训教学的正常开展，一些院校甚至被迫将该部分教学内容压缩到几个课时，只是象征性地走个过场，根本无法达到模具拆装实训应有的教学效果。因此，许多学生在毕业时，对模具结构仍然是一知半解。

与传统的实物模型拆装实训相比，虚拟拆装实训有许多独特的优势，如成本极低、实验内容更丰富、教学功能更强大，不受时间、空间限制，可以反复进行等。虚拟实训使得每一个学生都能得到充分的实训机会，可在保证教学效果的前提下，实现规模化教学。

以"虚拟"补充"实物"、以"软件"补充"硬件"是当前理工科专业实训课程一个重要发展方向。传统的以实物模型为主的模具结构认知与拆装实训，必将发展为基于虚拟现实技术的"虚""实"结合的新一代教学模式。

一些院校采用企业报废模具作为拆装实训教具，但效果却往往不理想。原因很简单：

第一，报废模具本来就不是专为教学设计的，其结构、尺寸往往不典型，不适用于教学；第二，报废模具每种结构往往只有一套，只能供一组学生使用，不适合规模教学；第三，没有备件和维修服务，一旦有零件损坏和丢失，就真的"报废"了，风险较大。

　　模具拆装教学三维建模软件建议采用 UG NX 或 PRO/E。工程制图可采用 AutoCAD，也可直接使用三维建模软件的绘图模块。

5.3　模具装配

1．模具装配概念

　　将完成全部加工，经检验符合图纸和有关技术要求的模具标准件、标准模架、成形件、结构件，按总装配图的技术要求和装配工艺顺序逐件进行配合、修整、安装和定位，经检验合格后，加以连接和紧固，使之成为整套模具的过程称为模具装配。

　　模具装配一般有以下几种情况。

　　（1）模具已经装配过

　　模具零件不是新加工并且未失效的零件，在模具装配时可直接安装。

　　（2）装配时无须配模

　　模具零件按设计图纸的标准尺寸加工，加工完成之后可直接安装，即加工好的零件在装配时不需要通过钳工的配模来达到零件之间较理想的配合。

　　（3）装配时需要钳工配模。

　　模具零件在加工时未按图纸加工，而是留有一定的配模余量，在装配时需要钳工配模后才能达到理想的装配状态。

　　下面对装配时需要钳工配模的情况进行举例说明。

　　① 热流道的封胶位、头部位锥形的阀针。

　　② 非标隔水片尾部为固定用，需要配模。

　　③ 镶块与基体的配合。

　　④ 顶块、斜顶块、滑块与型腔的配合。

　　⑤ 模腔中的对插面、分型面等封胶面的配合。

　　以上所述为典型的需要配模的零件，一般安装标准件时，不会对标准件进行修配。一般直面配合由机床保证。上面举例的配模均为手工配模（手工配模指在配模时由钳工保证加工精度，且加工时均使用钳工工具而不使用车、铣、磨等机床）。

2．模具装配的精度要求

　　为保证模具及其成型产品的质量，对模具装配应有以下方面的精度要求。

　　（1）模具零部件间应满足一定的相互位置精度

　　如同轴度、平行度、垂直度、倾斜度等。

　　（2）活动零件应有相对运动精度要求

　　如各类机构的转动精度、回转运动精度以及直线运动精度等。

（3）导向、定位精度

如动模与定模或上模与下模的开合运动导向、型腔（凹模）与型芯（凸模）安装定位及滑动运动的导向与定位等。

（4）配合精度与接触精度

配合精度主要指相互配合的零件表面之间应达到的配合间隙或过盈程度；如型腔与型芯、镶块与模板孔的配合，导柱、导套的配合及与模板的配合等。

接触精度是指两配合与连接表面达到规定的接触面积大小与实际接触点的分布程度；如分型面上接触点的均匀程度、锁紧楔斜面的接触面积大小等。

（5）其他方面的精度要求

如模具装配时的紧固力、变形量、润滑与密封等；以及模具工作时的振动、噪声、温升与摩擦控制等，都应满足模具的工作要求。

3. 模具装配的技术要求

（1）模具外观技术要求

① 装配后的模具各模板及外露零件的棱边均应进行倒角或倒圆，不得有毛刺和锐角；各外观表面不得有严重划痕、磕伤或戳附污物；也不应有锈迹或局部未加工的毛坯面。

② 按模具的工作状态，在模具适当平衡的位置应装有吊环或起吊环；多分型面模具应用锁紧板将各模具锁紧，以防运输过程中活动模板受振动而打开造成损伤。

③ 模具的外形尺寸、闭合高度、安装固定及定位尺寸、顶出方式、开横行程等均应符合设计图纸要求，并与所使用设备参数合理匹配。

④ 模具应有标记号，各模板应打印顺序编号及加工与装配基准角的印记。

⑤ 模具动、定模的连接螺钉要紧固牢靠，其头部不得高出模板平面。

⑥ 模具外观上的各种辅助机构，如限制开模顺序的拉钩、摆杆、锁扣及冷却水嘴、液压与电气元件等，应安装齐全、规范、可靠。

（2）模具装配技术条件

不同种类的模具，其装配的工作内容和精度要求不同。为保证模具的装配精度，国家标准已规定了冲压模具、塑料注射模和金属压铸模的装配技术条件，具体规定参见相关国家标准。

（3）模具装配的工作内容

模具装配是由一系列的装配工序按照合理的工艺顺序进行的，不同类型的模具其结构组成、复杂程度及精度要求都不同，装配的具体内容和要点也不同，但通常应包括以下主要内容。

① 清洗与检测。全部模具零件装配之前必须进行认真的清洗，以去除零部件内、外表面黏附的油污和各种机械杂质等。清洗工作对保证模具的装配精度和质量，以及延长模具的使用寿命都具有重要意义，尤其对保证精密模具的装配质量更为重要。

模具钳工装配前还应对主要零部件进行认真检测，了解哪些是关键尺寸，哪些是配合与成型尺寸，关键部位的配合精度等级及表面质量要求等，以防将不合格零件用于装配而损伤其他零件。

② 固定自连接。模具装配过程中有大量的零件用于固定与连接。模具零件的连接可分为可拆卸连接与不可拆卸连接两种。

可拆卸连接在拆卸相互连接的零件时不应损坏任何零件，拆卸后还可重新装配连接，通常采用螺纹和销钉连接方式。

不可拆卸的连接在被连接的零件使用过程中是不能拆卸的，常用的不可拆卸连接方式有焊接、铆接和过盈配合等，应用较多的是过盈配合。

③ 装配过程中的补充加工与抛光。模具零件装配之前，并非所有零件的几何尺寸与形状都完全一次加工到位。尤其在塑料模具和金属压铸模具装配中有些零件因留一定加工余量，待装配过程中与其他相配零件一起加工，才能保证其尺寸与形状的一致性要求。有些则是因材料或热处理及结构复杂程度等因素，要求装配时进行一定的补充。

零件的成型表面抛光也是模具装配过程的一项重要内容，形状复杂的成型表面或狭小的窄缝、沟槽、细小的盲孔等局部结构都需钳工通过手工抛光来达到最终要求的表面粗糙度。

④ 调整与研配。模具装配不是简单的将所有零件组合在一起，而是对这些具有一定加工误差的合格零件，按照结构关系和功能要求进行有序的装配。

由于零件尺寸与形状误差的存在，装配中需不断地调整与研配。研配是指对相关零件进行的适当修研、刮配或配钻、配铰、配磨等操作。修研、刮配主要是针对成形零件或其他固定与滑动零件装配中的配合表面或尺寸进行修刮、研磨，使之达到装配精度要求。配钻、配铰和配磨主要用于相关零件的配合或连接装配。

⑤ 模具动作检验。组成模具的所有零件装配完成后，还需根据模具设计的功能要求，对其各部分机构或活动零部件的动作进行整体联动检验，以检查其动作的灵活性、机构的可靠性和行程与位置的准确性及各部分运动的协调性等要求。

除上述主要内容外，模具现场试模及试模后的装卸与调整、修改等，也属模具装配内容的一部分。

5.4　模具拆卸

模具拆装是模具制造及维护过程中的重要环节。

一方面，模具本身是组合装备，模具零件加工后必须经过装配才能使用。由于受到设计水平和加工水平的制约，模具零件在加工完成后往往不能一次装配成功。为减少装配风险，在加工非标准零件时，常常故意留用一定的配模余量，再通过钳工反复配模，从而达到理想的装配效果。配模对模具的最终品质有直接的影响。

另一方面，模具在使用过程中的维修和维护也要通过拆装才能实现。例如，由于设计、加工或使用不当造成模具损坏，如热流道浇口堵塞、排气槽堵塞、水（油、气）路泄漏等，都需要通过拆装进行维修。

因此，模具拆装不仅是模具教学中的有效手段，更是模具制造岗位必须掌握的工作技能。

模具拆卸为模具装配的逆过程，即将模具零件从已装配的组件上逐件拆卸。一般对在生产中的模具零件进行拆卸，主要是指在模具装配的配模时和对模具进行维修、维护或更换的某些零件。下面对拆卸的各方面影响因素进行详细说明。

1．配模时对模具零件的拆卸

在配模时一般需要多次的安装与拆卸才能达到理想的装配状态。

2．管理疏忽而造成的安装过程出错

比如动、定模都已安装好时却发现某个零件还未安装，这时就需要将安装好的零件拆卸掉，直到能安装前面漏装的零件为止。

3．设计错误、加工不当和未按使用说明书操作、维护

以下列出一些由于设计错误、加工不当和未按使用说明书操作、维护等造成的一些对模具的损害，从而需要通过拆卸来修理相关零件。

（1）浇口堵塞。如由于使用含有异物或回料过多的塑料原料极易造成浇口堵塞。

（2）排气槽堵塞。如由于镶块间隙太大，塑件飞边进入间隙将间隙堵塞从而造成无法排气。

（3）水路、油路、气路有泄漏。如密封圈安装不当，堵头安装时密封带不足等。

（4）顶出系统零部件卡死或插伤。如设计不当、顶杆孔加工精度不好、供应商顶杆质量差、安装精度不好、导向零件精度不高等。

（5）导向定位系统磨损过度。如由于受力不均匀出现位置偏差造成单侧过度磨损、加工精度未达到要求、导向两侧温度相差过大造成膨胀量不一致等。

（6）斜导柱断裂。如设计时斜导柱强度不足、导向系统卡死、滑块限位失效等。

（7）弹簧失效。如设计时考虑的寿命不足、使用过程中维护不当等。

（8）小镶件、镶针等出现弯曲变形或断裂。如成型压力很高，小镶件、镶块常出现设计强度不足等。

（9）零件的锈蚀与磨损。如模具工作环境潮湿、摩擦面未润滑、零件加工表面过于粗糙等。

由于影响因素太多，这里不再详细说明，以上所述为实际中经常出现的问题。以下列出一些上面所列之外的较为常见的问题：型芯插穿面出现伤痕、磨损、挠损、凹陷，镜面抛光部位出现伤痕、腐蚀，电镀层脱落，浇口的磨损、变形，模框的翘曲、变形等，都会影响模具的拆卸。

5.5 如何选择适合的拆装案例

如何选择适合的拆装案例，在模具拆装教学或培训中，使其快速有效地学习与锻炼好模具拆装专业知识与实践操作能力，它的重要性可想而知。下面列出选择时须注意的一些要点。

1．典型

拆装案例模具在企业实际生产中应广泛应用，并应能反映模具结构的典型性。

2．真实

所选案例须保证与实际生产模具的一致性，能反映模具的真实情况（须注明由于时间原因，而造成的不同）。如模具零件不完整、模具结构过时不合理等。

3．易拆装

模具易拆装，不管是在教学培训中选择拆装案例，还是在企业模具设计与制造方面，都显得尤为重要。如模具拆装不方便会延长拆装时间，从而导致教学培训效果不佳、质量下降以及成本提高等。

4．可复制

虽然实物模型能直观地表达模具的真实结构与形状，但显然在教学培训中存在很多不足，如教学难度高、强度大、成本高、品种有限难以更新等，更重要的是它的不可复制性。

如何解决模具拆装可复制问题显得尤为重要，采用计算机辅助模具虚拟拆装是解决这一问题的有效途径。

5.6　常用拆装工具与操作

模具常用的拆装工具有扳手、螺钉旋具、手钳、手锤、铜棒、撬杠、卸销工具、吊装工具等。

1．扳手

模具拆装常用的扳手有内六角扳手、套筒扳手、活扳手等。

（1）内六角扳手

用途：内六角扳手［如图5-1（a）所示］专门用于拆装标准内六角螺钉。

操作要点：应牢记常用的几种内六角扳手与内六角螺钉配合，最好具有目测的能力，一看就知。如2.5配M3、3配M4、4配M5、6配M8、8配M10、10配M12、12配M14、14配M16、17配M20、19配M34、22配M30等。

另外，还有内六角花形扳手［如图5-1（b）所示］，柄部与内六角扳手相似，是拆卸内六角花形螺栓的专用工具。

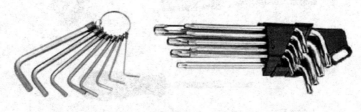

　　　　　（a）内六角扳手　　　　　　　　　（b）内六角花形扳手

图 5-1　扳手

（2）套筒扳手

套筒扳手（如图 5-2 所示）的套筒头规格以螺母或螺柱的六角头对边距离来表示，分手动和机动（气动、电动）两种类型，手动套筒工具应用较广泛。一般以成套（盒）形式供应，也可以单件形式供应。由各种套筒（头）、传动附件和连接件组成，除具有一般扳手拆装六角头螺母、螺栓的功能外，特别适用于空间狭小、位置深凹的工作场合。

（3）活扳手

用途：活扳手（如图5-3所示）是用来旋转六角或方头螺栓、螺钉、螺母的一种常用工具。因它的特点是开口尺寸可以在规定范围内任意调节，所以特别适用于螺栓规格多的场合。

扳手操作注意事项：在使用扳手时，应优先选用标准扳手，因为扳手的长度是根据其对应的螺栓所需的拧紧力矩而设计的，力距要适合，不然将会损坏螺纹。如拧小螺栓（螺母）使用大扳手，不允许使用管子加长扳手来拧紧的螺栓而使用管子加长扳手拧紧等，都会损坏工具。

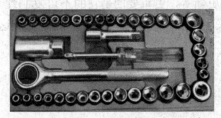

图5-2　套筒扳手

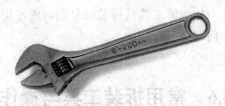

图5-3　活扳手

通常 5 号以上的内六角扳手允许使用长度合理的管子来接长扳手（管子一般企业自制）。拧紧时应防止扳手脱手，以防手或头等身体部位碰到设备或模具而造成人身伤害。

2．螺钉旋具

模具拆装常用的螺钉旋具有一字槽螺钉旋具、十字槽螺钉旋具、多用螺钉旋具、内六角螺钉旋具等。

（1）一字槽螺钉旋具

用途：一字槽螺钉旋具（如图5-4所示）用于紧固或拆卸各种标准的一字槽螺钉。木柄和塑柄螺钉旋具分普通和穿心式两种。穿心式能承受较大的扭矩，并可在尾部用手敲击。旋杆设有六角形断面加力部分的螺钉旋具能用相应的扳手夹住旋杆扳动，以增大扭矩。

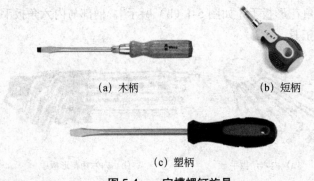

(a) 木柄　　　　　(b) 短柄

(c) 塑柄

图5-4　一字槽螺钉旋具

（2）十字槽螺钉旋具

用途：十字槽螺钉旋具（如图5-5所示）用于紧固或拆卸各种标准的十字槽螺钉。形式和使用方法与一字槽螺钉旋具相似。

（3）多用螺钉旋具

用途：多用螺钉旋具（如图 5-6 所示）用于旋拧一字槽、十字槽螺钉及木螺钉，可在软质木料上钻孔，并兼作测电笔用。

（4）内六角螺钉旋具

用途：内六角螺钉旋具（如图 5-7 所示）专用于旋拧内六角螺钉。

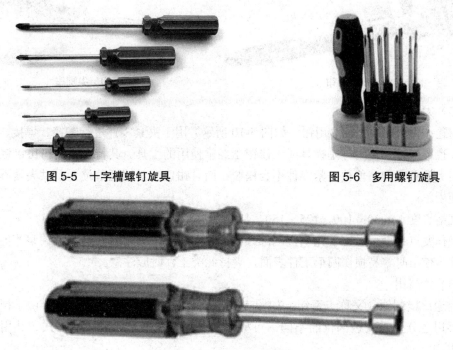

图 5-5　十字槽螺钉旋具　　　　　　　　图 5-6　多用螺钉旋具

图 5-7　内六角螺钉旋具

螺钉旋具操作要点：使用旋具要适当，对十字形槽螺钉尽量不用一字形旋具，否则拧不紧甚至会损坏螺钉。一字形槽的螺钉要用刀口宽度略小于槽长的一字形旋具。若刀口宽度太小，不仅拧不紧螺钉，而且易损坏螺钉格。对于受力较大或螺钉生锈难以拆卸的时候，可选用方形旋杆螺钉旋具，以便能用扳手夹住旋杆扳动，增大力矩。

3．手钳

模具拆装常用的手钳有管钳、尖嘴钳、大力钳、卡簧钳、钢丝钳等。

（1）管钳

用途：管钳（如图 5-8 所示）用于紧固或拆卸各种管子、管路附件或圆形零件。为管路安装和修理常用工具。其钳体用可锻铸铁（或碳钢）制造，另有铝合金制造，其特点是质量轻，使用轻便，不易生锈。在拆装大型模具时经常使用。

操作要点：管钳夹持力很大，但容易打滑及损伤工件表面，对工件表面有要求的，须采取保护措施。使用时首先把钳口调整到合适位置，即工件外径略等于钳口中间尺寸，然后右手提柄，左手放在活动钳口外侧并稍加使力，安装时顺时针旋转，拆卸时逆时针旋转，而钳口方向与安装时相反。

（2）尖嘴钳

用途：尖嘴钳（如图 5-9 所示）用于在狭小工作空间夹持小零件和切断或扭曲细金属丝，为仪表、电信器材、家用电器等的装配、维修工作中常用的工具。

规格：（GB／T2440.1—1999）分柄部带塑料套与不带塑料套两种。

全长（mm）：有 125，140，160，180，200 几种规格。

图 5-8　管钳　　　　　　　　　　　　　　　　　图 5-9　尖嘴钳

（3）大力钳

用途：大力钳（又称多用钳，如图 5-10 所示）用于夹紧零件进行铆接、焊接、磨削等加工，也可作扳手使用，是模具或维修钳工经常使用的工具。其特点是钳口可以锁紧，并产生很大的夹紧力、使被夹紧零件不会松脱；而且钳口有多档调节位置，供夹紧不同厚度零件使用。

规格长度（mm）：100，125，150，175，250，350。

操作要点：使用时应首先调整尾部螺栓到合适位置，通常要经过多次调整才能达到最佳位置。使用时容易损伤圆形工件表面，夹持此类工件时应注意。

（4）挡圈钳

用途：挡圈钳（又称卡簧钳，如图 5-11 所示）专供拆装弹性挡圈用。由于挡圈有孔用、轴用之分以及安装部位的不同，可根据需要分别选用直嘴式或弯嘴式、孔用或轴用挡圈钳。

规格长度（mm）：125，175，225。

操作要点：安装挡圈时把尖嘴插入挡圈孔内，用手用力握紧钳柄，轴用挡圈即可张开，内孔变大，此时可套入轴上挡圈槽，然后松开；而空用挡圈内孔变小，此时可放入孔内挡圈槽，然后松开。挡圈弹性回复，即可稳稳地卡在挡圈槽内。拆卸挡圈过程为安装时的逆顺序。

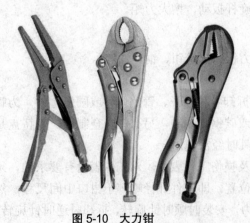

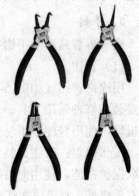

图 5-10　大力钳　　　　　　　　　　　　　　　图 5-11　挡圈钳

（5）钢丝钳

用途：钢丝钳（如图 5-12 所示）用于夹持或弯折薄片形、圆柱形金属零件及切断金属丝，其旁刃口也可用于切断金属丝。

规格：（GB 6295.1—86）分柄部不带塑料套（表面发黑或镀铬）和带塑料套两种。

长度规格（mm）：160，180，200。

4．吊装工具和配件

模具拆装常用的吊装工具和配件有吊环螺钉、钢丝绳、手拉葫芦、钢丝绳电动葫芦等。

（1）吊环螺钉

用途：吊环螺钉（如图 5-13 所示）配合起重机，用于吊装模具、设备等重物，是重物起吊不可缺少的配件。

规格：（GB 825—88）以螺钉头部螺纹大小来定义规格。

操作要点：安装时一定要拧紧，保证吊环台阶的平面与模具零件表面贴合。吊环大小的选用和安装最好按照标准件供应商提供的参数，要保证吊环的强度足够以确保安全。

图 5-12　钢丝钳　　　　　　　　　　　　　　　　图 5-13　吊环螺钉

（2）钢丝绳

钢丝绳如图 5-14 所示。

特点：钢丝绳是由碳素钢钢丝制成，挠性好、强度高、弹性大，能承受冲击性载荷，破断前有断丝预兆，整根钢丝不会立即折断等。钢丝绳在相同直径时，股内钢丝愈多，钢丝直径愈细则绳的挠性也就越好，易于弯曲；但细钢丝捻制的钢丝绳不如粗钢丝捻制的耐磨损。

用途：主要用于吊运、拉运等需要高强度线绳的吊装和运输中。在滑车组的吊装作业中，多选用交互捻的钢丝绳；要求耐磨性较高的钢丝绳，多用粗丝同向捻制的钢丝绳，不但耐磨，而且挠性好。

规格：钢丝绳在各工业国家中都是标准产品，可按用途需要选择其直径、绳股数、每股钢丝数、抗拉强度和足够的安全系数，它的规格型号可在有关手册中查得。

操作要点：

① 为了安全，用于吊装的钢丝绳要有足够的强度，在用两个吊环吊装时要注意钢丝绳之间的夹角最大不可超过 90°，而且越小越好。

② 使用时应防止各种情况下钢丝的扭曲、扭结，股的变位，致使钢丝绳发生拆断的现象。

③ 在使用前和使用中，应经常注意检查有无断丝现象，以确保安全。

④ 在吊装过程中，不应有冲击性动作，确保安全。

⑤ 防止锈蚀和磨损，应经常涂抹油脂，勤于保养。

⑥ 操作人员应戴上防护手套后使用钢丝绳，以免伤手。

（3）手拉葫芦

用途：手拉葫芦（如图 5-15 所示）供手动提升重物用，是一种使用简单、携带方便的手动起重机械装置。多用于工厂、矿山、仓库、码头、建筑工地等场合，特别适用于流动性及无电源的露天作业。

图 5-14　钢丝绳

图 5-15　手拉葫芦

操作要点：

① 严禁超载使用和用人力以外的其他动力操作。

② 在使用前须确认机件完好无损，传动部分及起重链条润滑良好，空转情况正常。

③ 起吊前检查上、下吊钩是否挂牢。严禁重物吊在尖端等错误操作。起重链条应垂直悬挂，不得有错扭的链环，双行链的下吊钩架不得翻转。

④ 在起吊重物时，严禁人员在重物下做任何动作或行走，以免发生人身事故。

⑤ 在起吊过程中，无论重物上升或下降，拽动手链条时，用力应均匀和缓，不要用力过猛，以免链条跳动或卡环。

⑥ 操作者如发现手拉力大于正常拉力时，应立即停止使用。

（4）钢丝绳电动葫芦

用途：钢丝绳电动葫芦（如图 5-16 所示）是一种小型起重设备，具有结构紧凑、质量轻、体积小、零部件通用性强、操作方便等优点。它既可以单独安装在工字钢上，也可以配套安装在电动或手动单梁、双梁、悬臂、龙门等起重机上使用，用于设备、物料等重物的起重操作。

图 5-16　钢丝绳电动葫芦

起重量规格（t）：0.1，0.25，0.32，0.5，1.2，3，5，8，10，16，32，50，63。

操作要点：与手拉葫芦操作要点相似。

5．其他常用的模具拆装工具

其他常用的模具拆装工具有手锤、铜棒、撬杠、卸销工具等。

（1）手锤

常用手锤有圆头锤（圆头榔头、钳工锤）、塑顶锤、铜锤头等。

① 圆头锤。

用途：钳工一般将圆头锤（如图 5-17 所示）作锤击用。

规格：（QB／T1290.2—91）市场供应圆头锤分连柄和不连柄两种。

质量规格（不连柄，kg）：0.11，0.22，0.34，0.45，0.68，0.91，1.13，1.36。

② 塑顶锤。

用途：塑顶锤（如图 5-18 所示）用于各种金属件和非金属件的敲击、装卸及无损伤成形。

锤头质量规格（kg）：0.1，0.3，0.6，0.75。

图 5-17　圆头锤

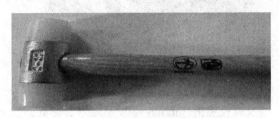

图 5-18　塑顶锤

③ 铜锤（如图 5-19 所示）。

用途：钳工、维修工作中用以敲击零件，不损伤零件表面。

规格：JB 3463—83。

铜锤头质量规格（kg）：0.5，1.0，1.5，2.5，4.0。

手锤操作要点：握锤子主要靠拇指和食指，其余各指仅在锤击时才握紧，柄尾只能伸出 15～30mm，如图 5-20 所示。

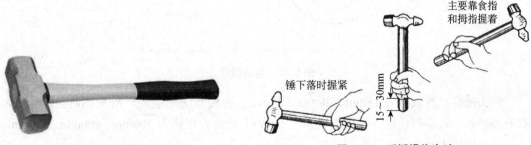

图 5-19　铜锤

图 5-20　手锤操作方法

（2）铜棒

铜棒（如图 5-21 所示）是模具钳工拆装模具必不可少的工具。在装配修磨过程中，禁止使用铁锤敲打模具零件，而应使用铜棒打击，其目的就是防止模具零件被打至变形。使用时用力要适当、均匀，以免安装零件卡死。

铜棒材料一般采用紫铜，规格（直径×长度）通常为：20mm×200mm、30mm×220mm、40mm×250mm 等。

（3）撬杠

撬杠主要用于搬运、撬起笨重物体，而模具拆装常用的有通用撬杠和钩头撬杠。

① 通用撬杠。

通用撬杠（如图 5-22 所示）在市场上可以买到，通用性强。在模具维修或保养时，对于较大或难以分开的模具用撬杠在四周均匀用力平行提开，严禁用蛮力倾斜开模，造成模具精度降低或损坏，同时要保证模具零件表面不被撬坏。

图 5-21　铜棒

图 5-22　通用撬杠

直径规格（mm）：20，25，32，38。

长度规格（mm）：500，1000，1200，1500。

② 钩头撬杠。

钩头撬杠（如图 5-23 所示）专门用于模具开模，尤其适合冲压模具的开模，通常一边一个成对使用，均匀用力。当模具空间狭小时，钩头撬杠无法进入，此时应使用通用撬杠。

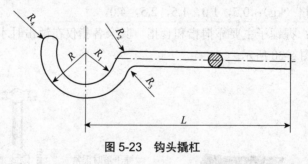

图 5-23　钩头撬杠

钩头撬杠直径规格为 15mm、20mm、25mm。钩头部位尺寸 R_2、R_3 弯曲时自然形成，R_4 修整圆滑，R_1 根据撬杠直径粗细取 30～50mm。长度 L 规格为 300mm、400mm、500mm。

（4）卸销工具

拔销器和起销器都是取出带螺纹内孔销钉所用的工具，主要用于盲孔销钉或大型设备、大型模具的销钉拆卸。既可以拔出直销钉又可以拔出锥销钉。当销钉没有螺纹孔时，须钻螺纹孔后方能使用。

　① 拔销器。

　拔销器（如图 5-24 所示）市场上有销售，但大多数是企业按需自制，使用时首先把拔销器的双头螺栓旋入销钉螺纹孔内，深度足够时，双手握紧冲击手柄到最低位置，向上用力冲撞冲击杆台肩，反复多次冲击即可取出销钉，起销效率高。但是，当销钉生锈或配合较紧时，拔销器就难以拔出销钉。

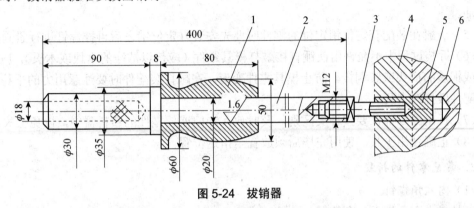

图 5-24　拔销器

1—冲击手柄；2—冲击杆；3—双头螺栓；4—工件；5—带螺孔销钉；6—工件

　② 起销器。

　当拔销器拔不出销钉时需用起销器，起销器如图 5-25 所示。使用时首先测量销钉内螺纹尺寸，找出与之配合的内六角螺栓（或六角头螺栓）及垫圈，长度适中；调整螺杆与螺母的配合长度；把螺栓穿入垫圈、螺杆、螺母内，然后用手拧入销钉螺纹孔内 6～8mm，此时螺栓开始受力，即可慢慢拔出销钉。在拔出销钉过程中应不断调整螺杆与螺母的配合高度，防止螺栓顶出后破坏销钉螺纹孔。

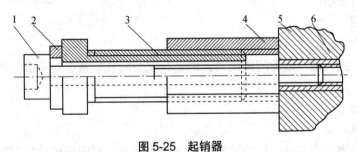

图 5-25　起销器

1—内六角螺栓（或六角头螺栓）；2—垫圈；3—六角头空心螺杆；4—加长六角螺母；5—工件；6—带螺纹孔销钉

5.7　模具拆装要点

1．一般注意事项

（1）装配之前要先对整套模具进行了解，看清总装图以及设计师所制定的各项要求。

（2）中小模具的组装、总装应在装配机上进行，方便、安全。无装配机应在平整、洁净的平台上进行，尤其是精密部件的组装，更应在平台上进行。大模具或特大模具，在地面上装配时，一是地面要平整洁净，二是要垫以高度一致、平整洁净的木板或厚木板。

（3）所有成型件、结构件、配购的标准件和通用件都必须是经检验确认的合格品，否则不允许进行装配。

（4）装配的所有零部件，均应经过清洗、擦干。有配合要求的，装配时须涂以适量的润滑油。

（5）一般在装配有定位销定位的零件时要先安装好定位销之后再拧螺钉进行紧固。

（6）拆装过程中不允许用铁锤直接敲打模具零件（应垫以洁净的木块或木板），应使用木质或铜质的榔头或紫铜棒，防止模具零件变形。在敲打装配件时要注意用力的平稳，防止装配件敲打时卡死。

（7）拆出的零部件要按种类区别，及时放入专门盛放零件的塑料盆中，以免丢失。

（8）正确使用工具，使用完毕后须放置至指定位置。

2. 常见零件的拆装

（1）内六角螺钉

工具：内六角扳手、套筒。

注意事项：螺钉要拧得足够紧，套筒延长的长度要适当，最好能按照供应商的标准执行。

（2）定位销

工具：铜棒、榔头、卸销工具、管钳。

注意事项：定位销一般为过渡配合，在用铜棒敲打时要注意受力的平稳性，防止卡死。若用榔头敲打须加铜板垫在定位销之上。在卸销时可用比定位销细的铜棒顶住定位销后用榔头敲打。有螺纹定位销盲孔应使用专门的卸销工具或使用管钳，但须垫上抹布等，以防定位销表面出现伤痕。

（3）定位圈

工具：铜棒。

注意事项：定位圈一般为间隙配合。但是在安装时孔位常会对不准，所以需要用铜棒将孔位敲正。

（4）浇口套

工具：铜棒。

注意事项：浇口套前端一般为过渡配合或做成锥面。在用铜棒敲打时要注意受力的平稳性，防止卡死。

（5）水路接头、堵头

工具：内六角扳手、活扳手、密封带。

注意事项：在安装前需先检查接头和水孔所攻管螺纹是否达到标准，特别注意螺牙高度是否足够。在拧紧时用力不可过大，以免造成管螺纹的损坏。旋入后还要注意接头的朝向是否利于水管连接。安装完成后须检查是否漏水。

（6）密封圈

工具：手工。

注意事项：因密封圈为橡胶制品，有较大的弹性变形量，且容易破损，故在安装时要确定好型号，并且检查密封圈的安装位置是否有尖角和异物。

（7）模板

工具：吊环螺钉、钢丝绳、行车、铜棒。

注意事项：安装时要注意平稳性，不要让模板单侧受力，在用螺钉紧固时不可一个螺钉一直拧到咬紧再拧下一个，要注意保护成型表面。在将型芯、型腔装入模框需要敲打时要在工艺平台上敲打，不可直接敲打分型面或成型面。

（8）导套

工具：铜棒。

注意事项：装配前要先对导套的安装孔进行全面检查和清理，不可有任何毛刺和异物，在安装时导套不可出现倾斜，最好能在导套外侧加油润滑之后再安装。

（9）顶针

工具：铜棒。

注意事项：安装前要检查顶针和顶针孔是否是相对应的，一般会对顶针进行编号以便于安装。一般安装时需将顶针固定板通过推板导柱的定位作用与动模板对好位置之后，再将顶针一根一根地装入。在一些模具较小、顶针较少的情况下，顶针可在顶针固定扳上安装好之后同时装入动模板。顶针装配时原则上要自由地插入顶针孔，但是实际加工难度较难达到自由插入的要求，所以在安装时经常用铜棒敲入，但是在敲打时用力要适当，一定的力量无法敲入时最好能仔细查明原因再装配。

5.8　安全问题

1．人身安全

人身安全是模具拆装的第一要点，在装配操作过程中应严格按照规范进行。当自己无法确定安全的情况时应及时向有经验的模具工程师咨询。以下是一些常用的安全规范。

（1）拆装前要先检查拆装工具是否完好。

（2）当模板或模具零件质量大于 25kg 时就不可用手搬动，最好能用行车进行吊装。

（3）吊环安装时一定要旋紧，保证吊环台阶的平面与模具零件表面贴合。吊环大小的选用和安装最好按照标准件供应商提供的参数。

（4）拆装有弹性的零件（如弹簧）时，要防止弹性零件突然弹出而造成人身伤害。

（5）安装电线时要先检查电线是否完好，胶皮是否有脱落。安装时要保证电线胶皮不被模具尖锐外形划破，在接头处要有较好的绝缘措施。

（6）安装液压元件和液压管道时，要保证液压元件和液压管道所能承受的压力大于设备对此管路所提供的压力，并且保证不漏油。因为液压管路的压力一般是比较大的，所以要特别的注意。

（7）对于布置了气道的模具（如吹塑模、气辅模、气体顶出或气体辅助顶出的注塑模等），保证气体管路的密封性和畅通性对于人身安全（特别是模塑工）是相当重要的，一旦漏气会制造很大的噪声。

（8）在安装油路、气路、水路的堵头和接头时都要仔细检查管螺纹是否符合标准，防止泄漏。

（9）任何时候都要严格遵守车间内的操作规程，如工具和模具零件的摆放。

（10）加强员工的安全教育和培训，树立安全第一的思想，杜绝人身事故的发生。

2．模具零件的安全

拆装过程中模具零件不能损坏、不能丢失，不能降低零件精度和表面粗糙度。

一些常见的注意事项如下所述。

（1）对于镜面抛光的表面要防尘，不可用手触摸。

（2）在零件传递时，应尽量不用手接触一些精度较高的部位。

（3）零件在拆卸之后或安装之前要进行防锈、防腐处理，例如水路和一些经常接触腐蚀性物质的零件。

（4）在装夹已制造好的零件时，夹具和零件的接触面处夹具的硬度必须比零件的硬度小，最好的办法是在夹具上垫上黄铜垫片以免损伤零件表面。

（5）在安装需要经敲打装入的零件时，用于敲打的物件的硬度不可大于模具零件的硬度，例如不可用榔头，一般情况下是用铜棒。

（6）在安装螺钉时，螺钉必须拧得足够紧以保证对螺钉有足够的预载，所以在安装时经常要用套筒来加长内六角扳手的力臂。但是在安装时我们还得注意力臂不可过长，最好能够按照标准件供应商的标准去决定力臂的长度，因为如果力臂过长在拧紧时螺钉将可能因受力过大导致失效，模具就会处于非常危险的境地。

5.9 模具的使用、维护和保管

模具的正确使用和合理维护以及管理质量的好坏是保证安全生产、产品质量、延长模具使用寿命及提高生产效率、降低生产成本的有效措施。

5.9.1 模具的使用

1．注塑模具的使用

注塑模具使用要点和流程如下。

（1）模具检查

在使用模具（试模）前，按模具设计要求进行全面、详细地检查不容忽视。通常须检查的内容，如产品与模具的一致性、模具外观是否有损伤或锈蚀、模具各系统结构零部件是否齐备与完好、模具动作是否可靠等。

（2）合理选择注塑机

通常情况下，模具设计之前就可确定注塑机型号。但难免在一些情况下，必须重新选用注塑机。在选用时应避免大设备安装小模具造成的浪费，也要避免小设备安装大模具造成设备或人身事故。

选用时必须对注塑机的相关技术参数进行校核，通常校核包括注塑机类型选择、合模力、注射容量、模具安装尺寸、推出机构、开横行程等内容。

（3）正确安装模具

正确安装模具的步骤如下。

① 锁模机构调整。将注塑机锁模机构调整到适应模具安装的位置。

② 模具吊装。确定模具吊装方式，将模具吊到所需的位置，吊装时须注意安装方向的问题。

③ 模具紧固。紧固时须注意压紧的形式、紧固螺钉以及紧固螺钉的数量等问题。

④ 空循环试验。手动操作机床空运行若干次，观察模具安装是否牢固，有无错位，导向部位及侧向运动机构是否平稳、顺畅等。

⑤ 配套部分安装。如热流道元件及电气元件的接线、冷却水路的连接、液压回路连接、气压回路的连接以及电控部分的调整等辅助部分的安装。

（4）合理确定工艺条件

工艺条件调整的好坏直接影响到成型产品的质量、成型生产效率以及生产成本，还会影响到模具的使用寿命。通常须调整的工艺条件，如注射量、料温、模温、注射压力、注射速度、注射速率、注射时间、背压、螺杆转速等参数。

（5）模具与注塑机操作调整

模具与注塑机配合使用，二者缺一不可。必须将其调整到最佳状态才能做到模具使用的合理性。一般包括合模力调整、开关模速度及低压保护的调整、推出机构调整、模具温度控制、产品取出选择、模具清理、模具工作状态观察等内容。

2．冲压模具的使用

冲压模具的使用要点和流程与注塑模具相似，下面仅对如何正确安装冲压模具的步骤进行简单的说明。

（1）将模具处于闭合状态，测量闭合高度。

（2）手动调整冲压设备的闭合高度略大于模具闭合高度。

（3）冲压模具安装时，中小型模具是把模柄装入滑块的模柄孔内，依靠锁紧块和顶紧螺栓夹紧。安装时将锁紧块拆下，把模具放置在工作台上，移动模具，使模柄对推滑块内孔，手动调整闭合高度，使模柄进入滑块内孔，保证滑块下端面贴紧上模座；装入锁紧块，紧固螺栓，最后固定下模。

（4）模具安装完毕后，手动操作机床空运行若干次，观察模具安装是否牢固，有无错位，导向部位及侧向运动机构是否平稳、顺畅等。

5.9.2　模具的维护

模具的维护要做到以下几点。

（1）使用前检查模具的完好情况。

（2）使用时要保持正常温度，不可忽冷忽热，常温工作条件下可延长使用寿命。

（3）交接班时要通报上一班生产情况，使下班操作人员及时全面了解模具使用状态。

（4）工作中认真观察各控制部件的工作状态，严防辅助系统发生异常。

（5）当开闭模具有异常声音时，不可强行开启或合模，要找其原因，排出故障后再工作以免有断、裂零件，损伤模具。

（6）注意随时清理模具工作表面，合模面不得有异物。

（7）运动和导向部位保持清洁，班前和班中要加油润滑，使之运动灵活可靠，防止卡死、烧伤。

（8）型腔模具要保持型腔的清洁，避免锈蚀、划伤，不用时要喷涂防锈剂。

（9）冲裁面要保持刃口锋利，适时进行刃磨。拉伸模要合理选择润滑介质。

（10）注塑模要正确选择脱模剂，使制品顺利脱模。

（11）使用完毕，要清洁模具各工作部位，涂防锈油或喷防锈剂。

（12）定期检查、注油。

5.9.3　模具的保养

无论是新模具或是使用过的模具，在短期或长期不用时要进行妥善的保管，这对于保护模具的精度、模具各个部位的表面粗糙度及延长其使用寿命都有重要意义。模具的保管应注意以下几点。

（1）模具的种类规格一般比较繁杂，模具的存放库要做到井井有条、科学管理、多而不乱、便于存取，不能因存放库的条件不好而损坏模具。如应存放在干燥且通风良好的房间，不可随意放在阴暗潮湿的地方，以免生锈。

（2）严禁将模具与碱性、酸性、盐类物质或化学药品等存放在一起，严禁将模具放置室外风吹雨淋、日晒雪浸。

（3）对于企业使用中的成批模具，要按企业管理标准化的规定对所有模具进行统一编号，并刻写在模具外形的指定部位，然后在专用库房里进行存放及保管。

（4）对于新制造的模具交库房保管，或是已使用的模具用后归还库存保管，都要进行必要的库房验收手续。

（5）模具存放前应擦拭干净，分门别类地存放，并摆放整齐。为防止导柱和导套生锈，在柱顶端的注油孔中注入润滑油后盖上纸片，防止灰尘及杂物落入导套内。

（6）冲压模具的凸模与凹模、型腔模的型腔与型芯、配合部位均应喷涂防锈剂。

（7）对于小型模具应放在模具架上，大中型模具存放时上、下模之间垫以木块限位，避免装置长期受压而失效。

（8）对于长期不用的模具，应经常打开检查保养，发现锈斑或灰尘时及时处理。

5.10　模具的拆装实例

1. 概述

在接触模具还不久的情况下，学习一副模具的拆装过程，主要是要了解冲压模具的一些基本结构和原理，并且熟悉模具装配的基本过程，以及有关模具拆装工具的使用。

2．拆装要点

（1）拆卸与装配为可逆过程。

（2）在实际生产过程中模具的装配方法和顺序多种多样，以下所列的只是其中的一种常见的装配过程。

（3）本副模具拆装过程中的注意事项。

① 装配之前要先对整副模具进行了解，看清总装图以及设计师所制定的各个要求。

② 一般在装配有定位销定位的零件时要先安装好定位销之后，再拧螺钉进行紧固。

③ 用铜棒敲打装配件时要注意装配件受力的平稳性，防止装配件在铜棒敲打时卡死。

3．冲裁折弯级进模拆装步骤

冲裁件结构如图 5-26 所示。

（1）拆卸步骤

① 拆卸之前模具如图 5-27 所示，用铜棒轻轻敲击上、下模座，将上模（如图 5-28 所示）、下模（如图 5-29 所示）从导柱导套处分开，拆卸时勿使上、下模座平面发生偏斜。

图 5-26　冲裁件

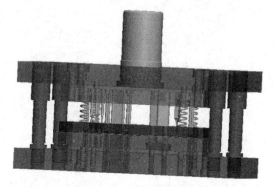

图 5-27　模具装配图

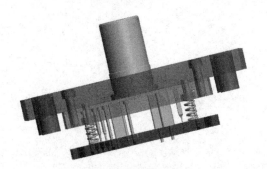

图 5-28　上模部分

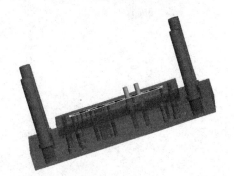

图 5-29　下模部分

② 拆上模。松开螺钉，卸下销钉将上模部分进行拆分，如图 5-30 所示。注意：模柄从下向下拆卸；导套与上模座，凸模与上模板之间为过盈连接，不必再拆分。

③ 拆下模。松开下模座上的螺钉，卸下销钉，取下凹模板、垫板，如图 5-31 所示。注意：导柱与下模座之间为过盈配合，不用拆卸。

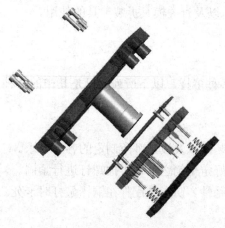

图 5-30　上模部分拆分后结果

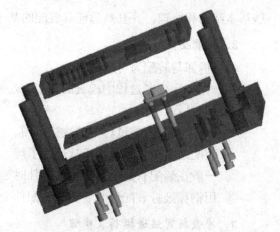

图 5-31　下模部分拆分后结果

（2）装配步骤

装配与拆卸的步骤相反，即先拆的零部件后装，后装的零部件先装，由里至外。

参考文献

［1］中国模具设计大典编委会. 中国模具设计大典［M］. 南昌：江西科学技术出版社，2003.

［2］模具实用技术丛书编委会. 冲模设计应用实例［M］. 北京：机械工业出版社，2000.

［3］丁松聚. 冷冲压设计［M］. 北京：机械工业出版社，2002.

［4］杨占尧. 冲压成形工艺与模具设计［M］. 北京：航空工业出版社，2012.

［5］王芳. 冷冲压模具设计指导［M］. 北京：机械工业出版社，2009.

［6］邓明. 实用模具简明手册［M］. 北京：机械工业出版社，2006.